Die Fertigungsbelange des Gesenkschmiedens

und ihre
wissenschaftliche Weiterentwicklung

Von

Dr.-Ing. Kurt Lange

Hannover

Mit 28 Abbildungen

Springer-Verlag Berlin Heidelberg GmbH

1957

ISBN 978-3-662-01331-1   ISBN 978-3-662-01330-4 (eBook)
DOI 10.1007/978-3-662-01330-4

Vorwort

Während meiner Tätigkeit an der Forschungsstelle Gesenkschmieden am Institut für Werkzeugmaschinen und Umformtechnik der Technischen Hochschule Hannover kam ich mit vielseitigen Problemen des Gesenkschmiedens bei Zusammenarbeit mit Betrieben, bei Werksbesichtigungen im In- und Ausland, besonders aber durch Mitarbeit im Schmiedeausschuß der VDI-Fachgruppe Betriebstechnik (ADB) in Berührung und hatte Gelegenheit, an der Lösung einzelner Fragen mitzuarbeiten.

Aus dieser Sicht heraus kam es, einer Anregung von Prof. Dr.-Ing. KIENZLE folgend, zur Abfassung der vorliegenden Schrift. Sie gibt einen Gesamtüberblick über die technische und volkswirtschaftliche Bedeutung der Gesenkschmiedeindustrie und zeigt auf, welche Aufgaben im Betrieb, durch Forschung und Nachwuchsausbildung in naher Zukunft zu lösen sind, damit eine mit der Entwicklung der gesamten Fertigung schritthaltende Entwicklung der Gesenkschmiedetechnik gesichert ist. Soweit möglich, sind Richtungen für die Lösung einzelner Probleme mit aufgezeigt; hierzu wird es in vielen Fällen weiterer Gemeinschaftsarbeit bedürfen.

Dem Ausschuß Schmieden sei an dieser Stelle für zahlreiche Anregungen gedankt, dem Fachverband Gesenkschmieden dafür, daß er die Abfassung ermöglichte. Besonders danke ich Herrn Prof. Dr.-Ing. O. KIENZLE und Herrn Prof. Dr.-Ing. habil. A. MATTING für viele wertvolle Hinweise und die Durchsicht der Arbeit.

Hannover, im Juli 1957   **Kurt Lange**

Inhaltsverzeichnis

0 Wirtschaftliche und technische Bedeutung des Gesenkschmiedens

01 Einführung

Mit dem Massenbedarf der ständig wachsenden Weltbevölkerung gewinnen alle jene Fertigungsverfahren mehr an Bedeutung, deren Natur die Massenfertigung ist. Dazu gehören die meisten Verfahren der Umformtechnik, da sie nicht nur an Zeit, sondern auch an Stoff zu sparen ermöglichen und häufig auch die technischen Eigenschaften der Erzeugnisse verbessern. Unter dieser Tatsache hat sich das Gesenkschmieden im Laufe der letzten 150 Jahre[1] von der reinen Handwerkskunst unter Entwicklung und Verwendung neuer Verfahren, Werkzeuge und Maschinen zu einer Technik entwickelt, die teils in einem selbständigen Industriezweig, der Gesenkschmiedeindustrie, teils in Schmiedeabteilungen großer Werke ausgeübt wird.

Die Gesenkschmieden sehen sich vor die Aufgabe gestellt, große Mengen von Werkstücken der verschiedensten Formen bei gleichbleibender Werkstoffgüte und Maßgenauigkeit zu fertigen. Man verlangt, daß diese Stücke der Fertigform so nahe wie nur irgend möglich kommen, damit der Fertigbearbeitungsaufwand dem Grenzwert Null zustrebt. Hieraus ergibt sich eine Fülle von Einzelaufgaben, die teils mit Mitteln der Praxis, teils mit wissenschaftlichen Methoden gelöst werden müssen[2]. Dabei erfordert das Verhältnis zu anderen Fertigungsverfahren eine dauernde Aufmerksamkeit. Einerseits tauchen neue Verfahren wie Genauguß, Sintern, Kaltumformung u. a. auf und brechen in das derzeitige Arbeitsgebiet der Gesenkschmieden ein; andererseits erobern sich die Gesenkschmiedestücke neue Gebiete, wo man bisher aus dem Vollen

---

[1] Pratt & Whitney stellten bereits 1810 austauschbare Gewehrteile als Gesenkschmiedestücke her

[2] Die kleineren Firmen haben es hierbei schwer, einzeln den Wettbewerb mit den großen Werken zu bestehen. In Erkenntnis dessen haben die deutschen Gesenkschmieden 1926 im Schmiedeausschuß ADB-VDI mit der Gemeinschaftsarbeit an technischen Aufgaben begonnen und, soweit sie im Fachverband Gesenkschmieden zusammengeschlossen sind, 1947 den Beschluß zur Errichtung und Finanzierung einer eigenen Forschungsstelle Gesenkschmieden (angeschlossen an das Institut für Werkzeugmaschinen und Umformtechnik (Prof. Dr.-Ing. KIENZLE) der Technischen Hochschule Hannover) gefaßt. Die inzwischen dort gewonnenen Erkenntnisse haben sich für die Praxis unmittelbar so nützlich erwiesen, daß nunmehr auch die Gesenkschmieden anderer Länder (Schweden, England) dem deutschen Beispiel folgen und Forschungsinstitute für Gesenkschmiedefragen errichten

gearbeitet oder die Teile zusammengesetzt hat[1]. Es müssen daher die „natürlichen Werte", die im Gesenkschmieden stecken, genau erfaßt und durch zielbewußte Verbesserungen und Entwicklung neuer Verfahren ausgeschöpft werden.

In der vorliegenden Arbeit wird versucht, die Gesamtproblematik dieser Aufgaben und ihre Lösungsrichtungen darzustellen. Damit soll zugleich der Grund zu einer wissenschaftlichen Lehre vom Gesenkschmieden gelegt werden. Diese muß neben den theoretischen Verfahrensgrundlagen und den vom verarbeiteten Werkstoff herrührenden Problemen im wesentlichen die Haupt- und Fehlergeometrie der Gesenkschmiedestücke, die bei ihrer Mengenfertigung auftretenden Aufgaben und schließlich den arbeitenden Menschen erfassen. Es ist das Verdienst von KIENZLE [73][2], diese vier Punkte als die Teilprobleme dargestellt zu haben, die bei jeder Untersuchung von Fertigungsverfahren zu werten sind.

02 Volkswirtschaftliche Bedeutung

Da sich in der Technik Wissenschaft und Lehre naturgemäß denjenigen Disziplinen zuwenden, die eine gebührende Bedeutung in der Technik haben, so gehört an den Anfang dieser Arbeit eine volkswirtschaftliche Würdigung der Gesenkschmiedetechnik. Sie wird in Abb. 1: „Die Gesenkschmiedeindustrie im industriellen Stoff-Fluß" deutlich. Danach gehen z. Zt. etwa 13% der westdeutschen Jahreserzeugung an Stabstahl und 6% der Erzeugung von Knüppeln durch Gesenkschmiedebetriebe[3]; dem entspricht bei einem Einsatz von rd. 800 000 t eine Erzeugung von etwa 630 000 t Gesenkschmiedestücken im Wert von knapp 1 Mrd. DM, wobei der Werkstoffverlust durch Grat- und Stangenendenabfall sowie Ausschuß mit 20% angesetzt ist.

Jahr	Erzeugung in t	%
1950	210 000	100
1952	336 000	160
1954	335 000	160
1955	451 000	215

Einen vergleichsweisen Überblick über das Anwachsen der Erzeugung der selbständigen Gesenkschmiedebetriebe der Bundesrepublik seit 1950 gibt die Statistik des Fachverbandes Gesenkschmieden.

---

[1] Hier sei auf Zahnradrohlinge mit fertig geschmiedeter Verzahnung hingewiesen. Die Räder werden entweder ohne weitere Bearbeitung an den Zähnen eingebaut oder erhalten eine leichte Nacharbeit durch Schaben in einem Arbeitsgang (bei Stirnrädern). Aus wirtschaftlichen Gründen wird das Verfahren in erster Linie für Kegelräder, auch mit Spiralverzahnung, angewandt

[2] Die in eckigen Klammern kursiv gesetzten Ziffern verweisen auf das Literaturverzeichnis S. 68

[3] Insgesamt 1955 etwa 780 000 t. Hierin sind außer den zum Fachverband Gesenkschmieden gehörenden Firmen die Werksschmieden, die Werkzeugfabriken und die Schneidwarenhersteller enthalten

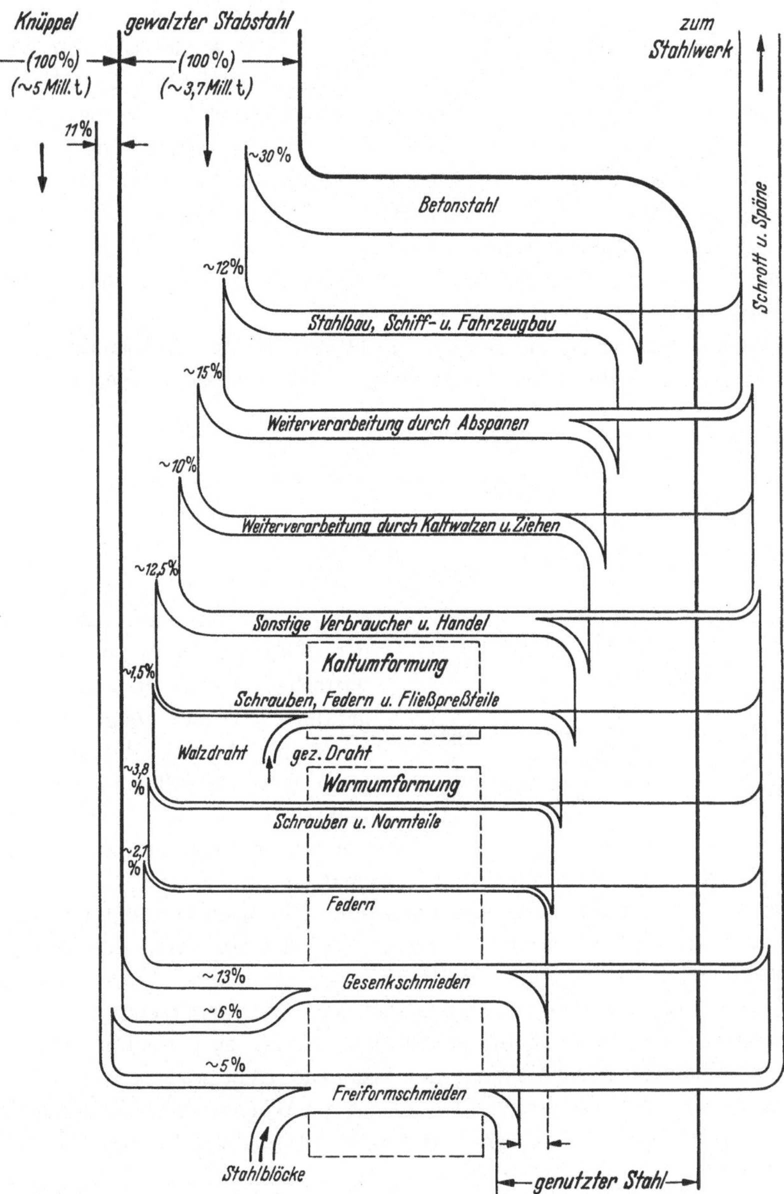

Abb. 1. Die Gesenkschmiedeindustrie im industriellen Stoff-Fluß

Der Energieverbrauch für das Erwärmen, für das Umformen und für die nachfolgende Wärmebehandlung ist beträchtlich. Er betrug:

im Jahre	Kohle [t]	Strom [Mill. kWh]	Gas [Mill. Nm³]
1950	94000	88	131
1952	105000	120	182
1955	111000	173	268

Bei der Ausweitung der Erzeugung seit 1950 ist der absolute Verbrauch von Energie aus minderwertigeren Energieträgern (Kohle) nicht nennenswert gestiegen; ihr Anteil am gesamten Energieverbrauch ist von 54% (1950) auf 18% (1955) gefallen. Für die Steigerung der Erzeugung wurde demnach überwiegend Energie aus höherwertigen Energieträgern (Strom, Gas) verwendet, die 1955 demnach vier Fünftel des gesamten Energiebedarfes deckten. Weitere Verschiebungen in gleicher Richtung stehen bevor. Hinzu kommt noch die zunehmende Verwendung von Leicht- und Schwerölen.

Ebenso wichtig ist die Bedeutung des spezifischen Aufwandes je Erzeugungseinheit, hier einer Tonne fertiger Schmiedestücke. Rechnet man

$$\begin{aligned} 1 \text{ kg Kohle} &= 7\,500 \text{ kcal,} \\ 1 \text{ kW} &= 860 \text{ kcal,} \\ 1 \text{ Nm}^3 \text{ Ferngas} &= 4\,500 \text{ kcal,} \end{aligned}$$

und bezieht den gesamten Energieverbrauch auf die gesamte Erzeugung, so kommt man zu folgenden Zahlen:

Bezogener Energieverbrauch je t Gesenkschmiedestücke

Jahr	kcal/t	%
1950	$6{,}5 \cdot 10^6$	100
1952	$5{,}1 \cdot 10^6$	78
1954	$5{,}4 \cdot 10^6$	83
1955	$4{,}85 \cdot 10^6$	75

Der bezogene Energieverbrauch ist bis 1952 infolge innerbetrieblicher Rationalisierung der Wärmewirtschaft stark (um 22%) abgefallen. Danach zeigt sich ein schwacher Anstieg, der seine Ursache wahrscheinlich in der mehr und mehr angewandten Wärmebehandlung der Schmiedestücke zur Erzielung hochwertiger Stoffeigenschaften hat. Seither ist bei stark gestiegener Erzeugung — verbunden mit wirkungsgradmäßig günstiger Auslastung der Betriebseinrichtungen — wieder ein Abfall des Energieverbrauches festzustellen, so daß 1955 trotz vermehrter Wärmebehandlung nur drei Viertel der Energie gegenüber 1950 zur Erzeugung von 1 t Gesenkschmiedestücke benötigt wurden. Es ist zu erwarten, daß bei gleichbleibender Beschäftigung der bezogene Energieverbrauch in Zukunft noch weiter absinkt. Bei intensiver Wärme- und Energiewirtschaft ließen sich Werte zwischen $3\cdots3{,}5 \cdot 10^6$ kcal/t Schmiedestücke erreichen.

Von volkswirtschaftlicher Bedeutung ist ferner der rationelle Einsatz der Werkseinrichtungen und Maschinen sowie der menschlichen Arbeitskraft. Auch hier weist die Statistik des Fachverbandes Gesenkschmieden in den wenigen Jahren seit der Währungsreform Fortschritte auf. Während seit 1950 die Zahl der Beschäftigten von 15 330 auf 24 650 (1955), d. h. um knapp 60% stieg, nahm die Erzeugung im gleichen Zeitraum um 115% zu. Je Mann und Jahr wurden 1955 etwa 18 t Gesenkschmiedestücke gegenüber 13,7 t im Jahre 1950 hergestellt. Das ist eine

Steigerung auf das 1,32fache, die außer auf Rationalisierung der Zeit-
wirtschaft auch auf den Einsatz moderner Maschinen und Anlagen zu-
rückzuführen ist. Derartige Anlagen sind andererseits erheblich teurer
als die herkömmlich verwendeten. So kostet ein Maschinenarbeitsplatz
in der Gesenkschmiede heute zwischen 30 000 und 50 000 DM; vor
30 Jahren waren dafür nur 5000 bis 10 000 RM erforderlich.

Diese Wandlung beginnt, einen Einfluß auf die Struktur der Gesenkschmiedeindustrie zu nehmen; in ihr ist der Anteil der kleinen, kapital-
schwächeren Betriebe wie folgt:

131 Betriebe   unter   24 Beschäftigte
 83 Betriebe   von   25 bis 99 Beschäftigte
 44 Betriebe   von   100 bis 500 Beschäftigte
  6 Betriebe   über   500 Beschäftigte.

Nimmt man an, daß im Laufe der nächsten 10 Jahre nur jeder zweite
Arbeitsplatz völlig erneuert werden muß, so ergibt sich bei heute rund
20 000 Arbeitsplätzen allein für die im Fachverband Gesenkschmieden
zusammengeschlossenen Firmen ein Investitionsbedarf von 800 Mill. DM,
d. h. von jährlich 80 Mill. DM. Dieser Betrag kann bei einem Gesamt-
jahresumsatz von $\approx$ 700 Mill. DM bei der gegenwärtigen steuerlichen
Belastung von den Gesenkschmieden selbst nicht aufgebracht werden.
Als Folge der unausweichlichen Notwendigkeit, Fremdkapital aufzu-
nehmen, werden strukturelle Verschiebungen nicht ausbleiben (s. hierzu
[1] S. 14 ff).

03 Technische Bedeutung

Einordnung des Gesenkschmiedens in die Schmiedeverfahren

Bei der Suche nach Gesichtspunkten für eine Ordnung der Schmiedeverfahren bieten sich in erster Linie die Werkzeuge, die den Werkstücken
die gewünschte Form und das gewünschte Maß vermitteln, an. Form
und Lage der Werkzeugteile zueinander können entweder frei oder bestimmt sein. Im Grenzfall lassen sich mit nach Form und Lage *freien*
flachen Sätteln Freiformschmiedestücke beliebiger Gestalt oder mit nach
Form und Lage *bestimmten* Werkzeugen Gesenkschmiedestücke erzeugen.
Für die Verfahrensordnung ist es dabei unerheblich, ob die Lage der
Werkzeugteile zueinander durch die benutzte Maschine (Kurbelpresse)
oder durch Anschläge im Werkzeug selbst bestimmt ist. Die Lage hat
jedoch den Vorrang vor der Form, denn mit lagebestimmten Werkzeugen kann bei entsprechender Handhabung dem Werkstück eine bestimmte Form bei definiertem Maß gegeben werden (z. B. Rundkneten,
Feinschmieden), während bei lagefreiem, formbestimmtem Werkzeug ein
Maß nicht ohne weiteres eingehalten werden kann (Freiformschmieden
mit Formsattel). Bei lage- und formbestimmten Werkzeugen muß zusätzlich unterschieden werden, ob beim Umformvorgang das Werkstück

nicht, nur am umgeformten Querschnitt oder völlig vom Werkzeug umschlossen wird. Dies ist ein Ordnungsgesichtspunkt niederer Art; bei
allen Verfahren, bei denen das Werkzeug nach Lage oder bzw. und Form
frei ist, *kann* das Werkstück notwendigerweise nicht umschlossen sein
(s. Schema).

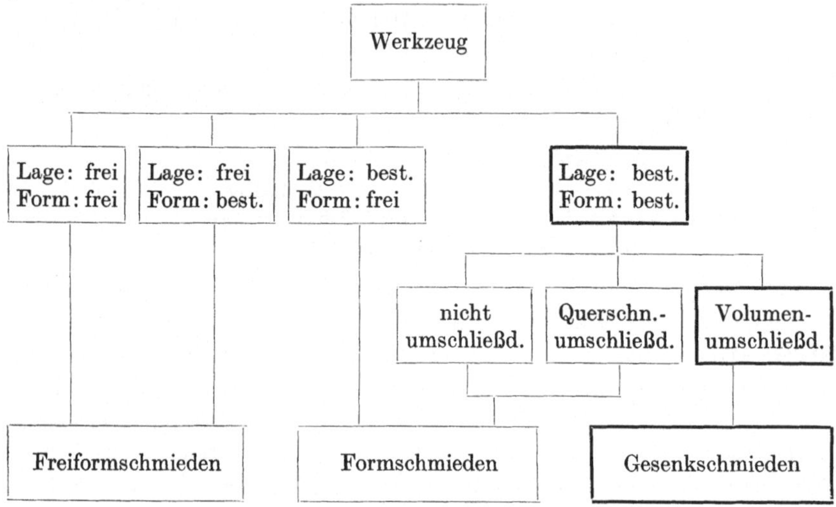

Nach diesen Überlegungen baut sich der nachstehende Vorschlag für
eine Ordnung der Schmiedeverfahren auf. Er zeigt, daß diese mit den
eingeführten Begriffen: Freiformschmieden und Gesenkschmieden nicht
erfaßt werden, sondern daß zusätzlich eine neue Verfahrensgruppe be-
nannt werden muß. Hierfür wird „Formschmieden" vorgeschlagen.
Beim *Formschmieden* löst sich die Umformung in einzelne, kontinuier-
lich (Ringwalzen) oder mit Intervallen (Feinschmieden, Rundkneten)
aufeinander folgende Teilumformungen auf. Kennzeichnend ist die
meist von der Maschine gegebene Lagebestimmtheit der Werkzeuge. Die
Verfahren dieser Gruppe liegen zwischen denen mit der geringsten und
der stärksten Bindung, dem Gesenkschmieden. Dieses ist demnach das
Verfahren mit in jeder Beziehung *definiertem Werkzeug*; es bestehen keine
Freiheitsgrade. Das gesamte Werkstück wird auf einmal umgeformt und
auf Maß gebracht. In den Gesenkschmiedebetrieben werden außer dem
Gesenkschmiedeverfahren im strengen Sinne auch die Verfahren des
Formschmiedens zur Endformung benutzt. Für die Herstellung der
Zwischenformen bedient man sich hilfsweise auch der Verfahren des
Freiformschmiedens, daneben auch solcher des Formschmiedens, z. B.
des Rollens im Rollgesenk. Abb. 2 gibt einen Überblick über die Ein-
teilung der bekannten Schmiedeverfahren nach der neu aufgestellten
Ordnung. In diese lassen sich auch andere Warmumformverfahren, z. B.
die verschiedenen Walzverfahren, ohne weiteres einordnen.

1. Ordnungs- gesichtspunkt: Werkzeuglage	2. Ordnungs- gesichtspunkt: Werkzeugform	Verfahren	
frei (nicht umschließend)	frei	Recken, Stauchen, Breiten (flacher Sattel) (Hammer, hydr. Presse)	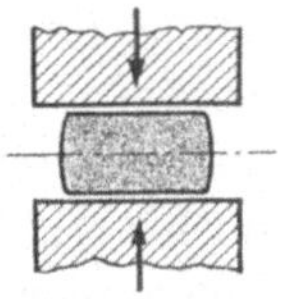 Freiformschmieden
frei (nicht umschließend)	bestimmt	Recken, Rollen (Formsattel) (Hammer, hydr. Presse)	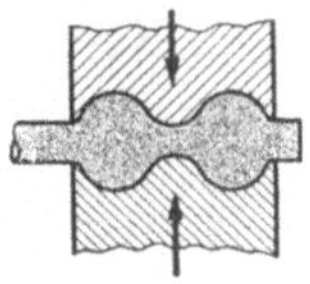 Freiformschmieden
bestimmt (nicht umschließend)	frei	Feinschmieden Rundkneten (gebundener Längsvorschub!)	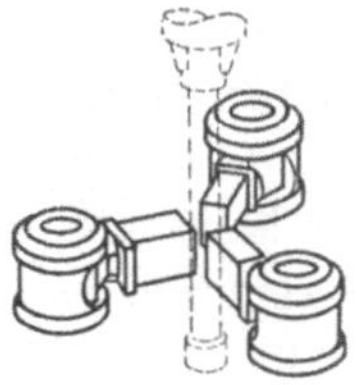 Formschmieden
bestimmt nicht umschließend	bestimmt	Rollen (Rollgesenk mit Aufschlagflächen) (Hammer) ohne Aufschlagflächen (bei schnellaufender Kurbelpresse)	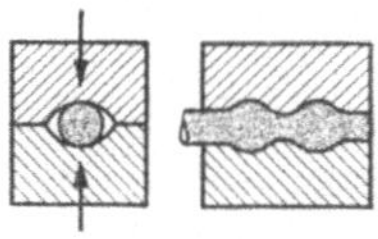 Formschmieden
bestimmt Querschnitt umschließend	bestimmt	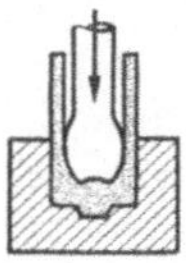 Warmfließpressen 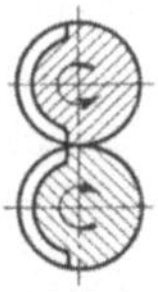 Reckwalzen 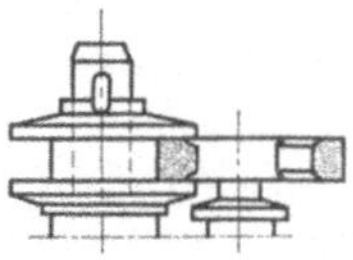 Ringwalzen	Formschmieden
bestimmt Volumen umschließend	bestimmt	Geschlossene und halb- offene Gesenke (mit Gratspalt) (Kurbel-, Spindel- presse, hydr. Presse, Hammer, Waagerecht- Stauchmaschine)	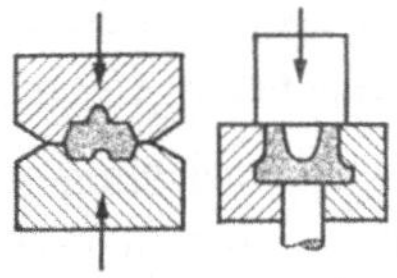 Gesenkschmieden

Abb. 2. Ordnung der Schmiedeverfahren

Die Bedeutung des Gesenkschmiedestückes für den modernen Maschinen- und Fahrzeugbau läßt sich in sechs Punkten zusammenfassen:

1. Gesenkschmiedestücke sind innerhalb jeder Metallgruppe Konstruktionsteile, deren Stoff durch geeignete Form physikalisch so gut ausgenutzt wird, wie dies die Formgebungsmöglichkeit des Gesenkschmiedens gestattet; es sind daher im allgemeinen hochbeanspruchbare und dennoch verhältnismäßig leichte Stücke.

2. Die im vorgewalzten Werkstoff vorhandene Zeilenstruktur läßt sich der Form der Werkstücke so anpassen, daß diese hohe Widerstandsfähigkeit gegen die Beanspruchung im Betrieb aufweisen, wie Zugfestigkeit, Streckgrenze, Kerbschlagzähigkeit, Biegewechselfestigkeit usw.

3. Gesenkschmiedestücke sind frei von Poren und anderen Hohlräumen; sie haben ein dichtes, gleichmäßiges Gefüge. Eine echte „Verdichtung", d. h. eine Erhöhung der Dichte und eine Gefügeverbesserung erfolgt allerdings nur beim Schmieden gegossenen Vormaterials, z. B. bei Leichtmetallschmiedestücken.

4. Die Abmessungen und die Form von Gesenkschmiedestücken eines Loses bleiben im Rahmen vorgegebener Toleranzen, die für verschiedene Genauigkeitsstufen vorliegen, gleich. Je nach der verlangten Endgenauigkeit kann ein Gesenkschmiedestück Rohteil oder Fertigteil sein.

5. Gesenkschmiedestücke haben denkbar geringe Stoffzugaben. Damit entfällt eine unnötige Abspanarbeit und eine unnötige Beförderung nutzlosen Gutes.

6. Gesenkschmiedestücke können an allen Stellen der Bearbeitung gleiche Zugaben haben. Dies in Verbindung mit den anfallenden großen Mengen erlaubt den Einsatz leistungsfähiger nachformender Bearbeitungsmaschinen, sowie die Anwendung von Abspanverfahren der Massenfertigung, z. B. des Räumens, mit dem das Bearbeitungsideal erreicht wird: von der Schmiedefläche in einem Arbeitsgang eine einzige Spanschicht derart abzuheben, daß das Fertigmaß bei guter Oberfläche erreicht wird.

Gesenkschmiedestücke werden im Gewicht von wenigen Gramm bis zu mehr als einer Tonne hergestellt. Sie umfassen im wesentlichen folgende vier Gruppen von Werkstücken:

1. Werkzeuge, wie Hämmer, Zangen, Schraubenschlüssel, Hacken, Gabeln,

2. Konstruktionsteile für Maschinen, insbesondere Fahrzeuge,

3. Geschmiedete Schrauben, Bolzen, Nieten, Muttern,

4. Warmumgeformte Blechteile.

Die Anforderungen an die Gesenkschmiedestücke seitens der Verbraucher sind von Fall zu Fall gänzlich verschieden; mit ihnen muß sich der einzelne Betrieb auseinandersetzen. Andererseits gehen von Neuentwicklungen und Verbesserungen des Gesenkschmiedens wiederum

Impulse zu den Konstrukteuren in den Abnehmerindustrien, die dort ebenfalls Weiterentwicklungen und Verbesserungen veranlassen können. Das alles ist ein fortlaufender Prozeß, bei dem Ursache oder Wirkung bald auf der einen, bald auf der anderen Seite liegen. Um so wichtiger ist es daher, ein möglichst klares Bild der *Möglichkeiten* und *voraussichtlichen Grenzen* der technischen Entwicklung des Gesenkschmiedens zu schaffen. Obwohl hierbei die Werkstoffe eine große Rolle spielen, soll sich die Untersuchung im wesentlichen auf den Werkstoff Stahl als Beispiel beschränken, da sie sonst zu umfangreich würde. Stahl ist der weitaus wichtigste Werkstoff für Gesenkschmiedestücke, wenn auch andere Metalle, wie Kupferlegierungen und Leichtmetalle und neuerdings Titan sowie gewisse hochhitzebeständige Schwermetalle in Zukunft an Bedeutung gewinnen werden. Die Gesenkschmiedeindustrie wird diese künftige Entwicklung sorgfältig verfolgen und sich eines Tages entscheiden müssen, ob sie selbst die Verarbeitung dieser Werkstoffe aufnehmen oder einer neu entstehenden Industriegruppe überlassen will.

Werkstoffkunde und Fertigungstechnik berühren sich in der Gesenkschmiede sehr eng und beeinflussen sich gegenseitig. Jede Wahl eines anderen Werkstoffes kann die Änderung eines Verfahrens erforderlich machen und umgekehrt jede Änderung eines Verfahrens die Werkstoffeigenschaften beeinflussen.

1 Theoretische Grundlagen des Schmiedevorganges

11 Plastizitätstheorie

Die Plastizitätstheorie oder die Mechanik plastischer Körper ist ein Zweig der Mechanik, auf dem vor dem Kriege die deutsche Forschung mit PRANDTL, HENKY, KARMAN u. a. vornan stand. Diese Entwicklung hat der Krieg bei uns jäh unterbrochen; um so stärker ist sie in England von HILL und in den Vereinigten Staaten von PRAGER, HODGE, THOMSON gefördert worden [2, 3]. Ihr Ziel ist es, genaue Voraussagen über den Bereich der Umformzonen, die Gleitlinienfelder, die Spannungen und Formänderungen im Innern der Stücke zu machen. Zunächst fußt die Theorie auf folgenden Annahmen:

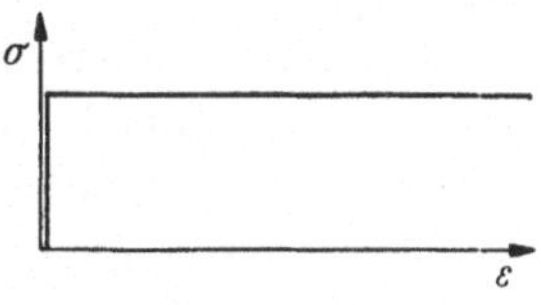

Abb. 3. Spannungs-Dehnungs-Schaubild eines starr-plastischen Werkstoffes

1. Der Werkstoff der zu untersuchenden Probe ist vor der Umformung starr, in der Umformung ideal plastisch (Abb. 3).

2. Der betrachtete Vorgang muß stationär (z. B. Strangpressen oder Drahtziehen) oder zumindest quasi stationär (beginnendes Eindringen eines Keils in eine ebene Platte) verlaufen.

3. Der betrachtete Vorgang muß in einer Ebene, d. h. zweidimensional erfaßbar sein; bei einfachen, rotationssymmetrischen Körpern ist auch das räumliche Verhalten bestimmbar.

Betrachtet man das Gesenkschmieden unter den genannten Voraussetzungen, so zeigt sich folgendes Ergebnis:

Ein ideal plastischer Werkstoff steht beim Gesenkschmieden von Stahl nicht zur Verfügung, da die Formänderungsfestigkeit k_f von der Temperatur und von der Formänderungsgeschwindigkeit $\dot{\varphi}$ (s. S. 11 ff.) abhängt. Beide ändern sich in der Regel während des Schmiedevorganges beträchtlich; nur in Ausnahmefällen, z. B. beim Warmfließpressen oder beim Walzen geschmiedeter Ringe, lassen sich Temperatur und Formänderungsgeschwindigkeit annähernd konstant halten.

Stationär verlaufende Vorgänge gibt es beim eigentlichen Gesenkschmieden (in umschließenden Werkzeugen) praktisch nicht — abgesehen von den oben genannten Ausnahmen. Vielmehr erfolgt die Umformung derart, daß der Werkstoff entweder stufenweise von Schlag zu Schlag oder in einem Werkzeughub die Hohlform des Gesenkes füllt, wobei sich die Kräfte und Geschwindigkeiten von Augenblick zu Augenblick ändern. Der ganze Vorgang läuft in 10···200 m/s ab.

Am wenigsten erfüllt das Gesenkschmieden schließlich die Bedingung, daß der Umformvorgang ein ebenes Problem darstellt und durch einen zweiachsigen Spannungszustand beschrieben werden kann. Die Teile sind hierfür im allgemeinen viel zu verwickelt.

Seitens der Plastizitätstheorie erscheint also eine zahlenmäßige Erfassung der Kräfte oder des Arbeitsbedarfes beim Gesenkschmieden nach dem heutigen Stand des Wissens nicht möglich. Nichtsdestoweniger stellt sie eine Betrachtungsart dar, die uns in einzelne Teilaufgaben Einblicke gibt, mit denen man die experimentellen Untersuchungen sogleich an den entscheidenden Punkten ansetzen kann.

Im wesentlichen verbleibt nur der schon beschrittene Weg, den Umformvorgang durch Versuch und Beobachtung zu erfassen und, soweit möglich, übertragbare Beziehungen zu finden. Auch hierbei kommen zunächst nur einfache Körper und Vorgänge in Frage. Das Stauchen zylindrischer Probekörper — kurz: der Stauchversuch — ist hier an erster Stelle zu nennen. Er gibt die Grundlage für das heutige Wissen um den Schmiedevorgang und wird daher nachfolgend eingehender behandelt.

12 Der Stauchvorgang

Die Anzahl der Versuchsarbeiten mit Stauchversuchen ist nicht unbeträchtlich; auszugsweise seien hier nur die Namen HEIM, BECKMANN, HENNECKE, SIEBEL, TAFEL und VIEHWEGER, POMP, HOUBEN, MÜNKER und LUEG erwähnt [4···10]. Alle Arbeiten verfolgen das Ziel, die Formänderungsfestigkeit k_f bzw. den Formänderungswiderstand k_w zwecks Bestimmung der Umformkraft sowie des benötigten Arbeitsaufwandes zu ermitteln. Als Einflüsse werden Werkstoff, Temperatur, Formänderungsgeschwindigkeit und teilweise auch die Reibungsverhältnisse an den Preßflächen untersucht. Die Ergebnisse bestätigen sich größtenteils gegenseitig, wenn sich auch bei den jüngeren Arbeiten infolge Anwendung verfeinerter Meßverfahren Einzelheiten besser erkennen lassen. Dies gilt besonders für eine kürzlich abgeschlossene Untersuchung des Max-Planck-Institutes in Düsseldorf [11, 12].

Das Formänderungsverhalten eines Werkstoffes bei der Warmumformung wird im allgemeinen durch die Formänderungsfestigkeit k_f gekennzeichnet. Dies ist die Spannung, bei der der Werkstoff zu fließen beginnt, wenn keine Reibung zwischen Werkstück und Werkzeug vorhanden ist. Praktisch ist jedoch immer Reibung vorhanden; an Stelle von k_f ist dann der Formänderungswiderstand k_w zu benutzen. k_w und k_f hängen nach der von SIEBEL aufgestellten Beziehung

$$k_w = k_f + k_r + k_s$$

zusammen.

$k_r =$ Reibspannungen zwischen Werkzeug und Werkstück
$k_s =$ zusätzliche innere Schubspannungen infolge der äußeren Reibung.

Unter der Voraussetzung, daß die Anteile, die k_r und k_s am Wert k_w haben, bei einem bestimmten, betrachteten Fall verhältnismäßig gleich bleiben, muß k_w von den Einflüssen Temperatur T, Formänderung $\varphi = \ln \frac{h_1}{h_0}$, Formänderungsgeschwindigkeit $\dot{\varphi} = \frac{d\varphi}{dt}$ und Werkstoff in gleicher Weise abhängen wie k_f.

Praktisch geht man bei der Bestimmung von k_f bzw. k_w so vor, daß man die zum Stauchen erforderliche Kraft P und gleichzeitig die augenblicklich dazugehörende Querschnittsfläche F bestimmt. k_f bzw. k_w ist dann gleich dem Quotienten $\frac{P}{F}$, d. h. sie sind Mittelwerte über der Fläche. Soweit dies die Formänderungsfestigkeit k_f betrifft, stimmt dieser Mittelwert mit dem wahren, auf ein Flächenelement bezogenen Wert überein, m. a. W.: über dem gesamten Querschnitt herrscht überall die gleiche Spannungsverteilung. Bezüglich k_w trifft dies jedoch nicht zu. Infolge der Oberflächenreibung wächst die Druckspannung vom Rand zur Mitte an, wobei sich ein Gleitgebiet und ein Haftgebiet deutlich unterscheiden lassen. KÖRBER und EICHINGER [13] gaben 1940 Gleichungen für den Druckspannungsverlauf über beiden Gebieten an, wobei sie von der Annahme ausgingen, daß sich ein vielkristalliner Körper bei der Warmumformung entsprechend dem NEWTONschen Ansatz für die innere Reibung viskoser Massen verhalte.

$$\tau_{xy} = \eta \cdot \frac{\partial v_x}{\partial y} = \eta \cdot \frac{\partial \gamma_{xy}}{\partial t}$$

τ_{xy} = Schubspannung γ_{xy} = Gleitung bzw. Schiebung

η = Koeffizient der inneren Reibung $\dfrac{\partial v_x}{\partial y}$ = sog. Schergefälle

v_x = Geschwindigkeit in x-Richtung $\dfrac{\partial \gamma_{xy}}{\partial t}$ = Gleitgeschwindigkeit

Experimentell nachgewiesen wurde ein ähnlicher Druckspannungsverlauf erstmalig von UNKSOW [14]; er fand, daß die Druckspannungen in Probenmitte bis zum vielfachen Wert der Formänderungsfestigkeit k_f anwachsen, während am Rand gerade k_f herrscht. Praktisch berücksichtigt man diese Spannungsverteilung jedoch nicht, sondern rechnet mit $k_w = \dfrac{P}{F}$ als Mittelwert über der Fläche. Dieses Verfahren ist für praktische Rechnungen durchaus brauchbar; man muß sich nur darüber klar sein, daß die Verhältnisse in Wirklichkeit anders liegen. Da sich die Augenblickswerte von k_w im Verlauf des Stauchvorganges ändern, kommt es zur Vereinfachung zu einer weiteren Mittelwertsbildung für k_w über dem Vorgang. Dieser letztere Mittelwert wird als mittlerer Formänderungswiderstand — k_{w_m} — bezeichnet. Er wird weiter unten noch definiert und ausführlich behandelt werden.

Den stärksten Einfluß auf k_f bzw. k_w hat die Temperatur, die beim Schmieden je nach Werkstoff zwischen etwa $900 \cdots 1250°$ liegt. Bei C-Stählen ist bei $900° \, k_f$ bzw. k_w etwa 2 bis $2\frac{1}{2}$mal so groß wie bei $1200°$. Bei anderen Werkstoffen liegen die Verhältnisse anders, doch ist die Formänderungsfestigkeit vieler Stahlsorten bei $1200°$ und darüber praktisch gleich.

Betrachtet man den zeitlichen Ablauf eines Stauchvorganges (s. Abb. 8), d. h. die Augenblickswerte von k_f bzw. k_w, so zeigt sich, daß zu Beginn, also bei kleineren Formänderungen, zunächst eine Erhöhung durch Verfestigung eintritt. Der weitere Verlauf wird durch das Wechselspiel von Verfestigung und Entfestigung (durch Relaxation) bestimmt, wobei die Formänderungsgeschwindigkeit $\dot{\varphi}$ entscheidenden Einfluß hat. Überschreitet das Stauchverhältnis $\dfrac{h_1}{h_0}$ etwa den Wert [1/2], womit φ über den Wert [0,7] ansteigt, so machen sich mit größeren Absolutwerten von φ die Einflüsse der äußeren Reibung immer mehr bemerkbar. k_w kann dadurch bei sehr großen Formänderungen auf ein Vielfaches der ursprünglichen Formänderungsfestigkeit k_f anwachsen (Abb. 4). Das hat besondere Bedeutung für die Berechnung der Kräfte im Gratspalt; hier wirkt zusätzlich die größere Abkühlung bei großer Berührungsfläche und geringer Gratdicke erhöhend auf k_w. Die in Abb. 4 angegebenen Gleichungen haben die gleiche Grundform. Nachdem von SIEBEL zunächst die Beziehung $k_w = k_f\left(1 + \dfrac{1}{3}\,\mu \cdot \dfrac{d}{h}\right)$ entwickelt worden war [8], zeigte es sich später, daß die Formel $k_w = k_f\left(1 + a\left(\dfrac{d}{h}\right)^n\right)$ besser den bei Versuchen erhaltenen Ergebnissen entsprach. Die Exponenten $n = 2$ bzw. 3/2 unterscheiden sich deshalb, weil HENNECKE Stauchbahnen aus geschliffenem Stellit, SIEBEL solche aus gehärtetem Stahl verwandte, wobei die Proben teilweise mit den Stauchbahnen verschweißten. Praktisch wird man sich je nach Werkzeugbeschaffenheit zwischen diesen beiden Grenzwerten bewegen.

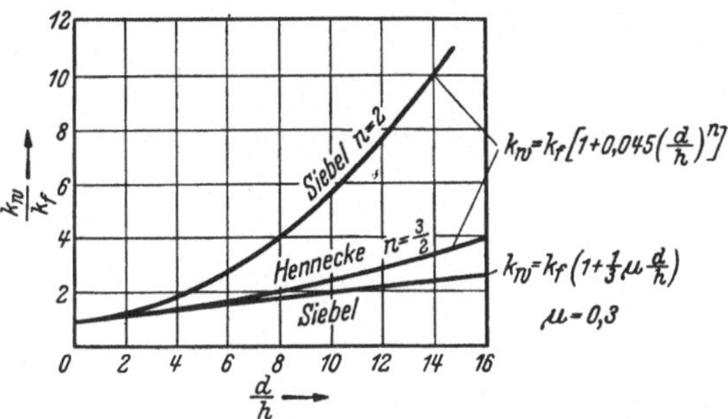

Abb. 4. Einfluß der Reibung auf den Formänderungswiderstand von Stahl

Die Formänderungsgeschwindigkeit $\dot\varphi$ hängt mit der Werkzeuggeschwindigkeit v, die durch die Art der Umformmaschine gegeben ist, in einfacher Weise zusammen:

$$\dot\varphi = \frac{d\ln\frac{h_1}{h_0}}{dt} = \frac{\frac{dh}{h}}{dt} = \frac{1}{h}\cdot\frac{dh}{dt} = \frac{v}{h}\ [\mathrm{s}^{-1}].$$

Hierin ist h die augenblickliche Höhe der umgeformten Probe. Wenn nun die Abhängigkeit von k_f bzw. k_w von $\dot\varphi$ einwandfrei ermittelt werden soll, dann muß während des Stauchvorganges neben der Temperatur T auch $\dot\varphi$ konstant bleiben. Diese Forderung wird aber von gebräuchlichen Pressen und Hämmern nicht erfüllt, wie Abb. 5a und b zeigen.

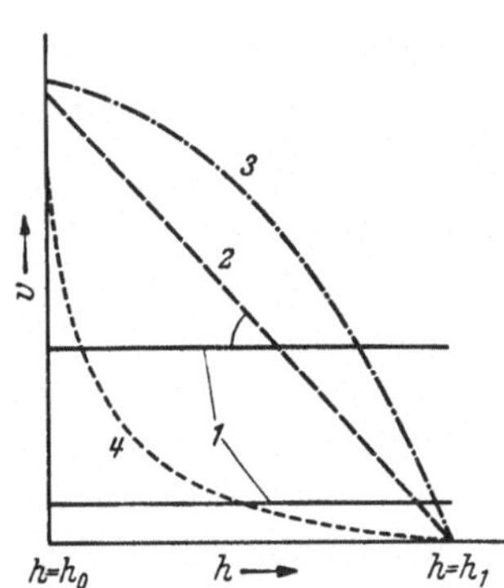

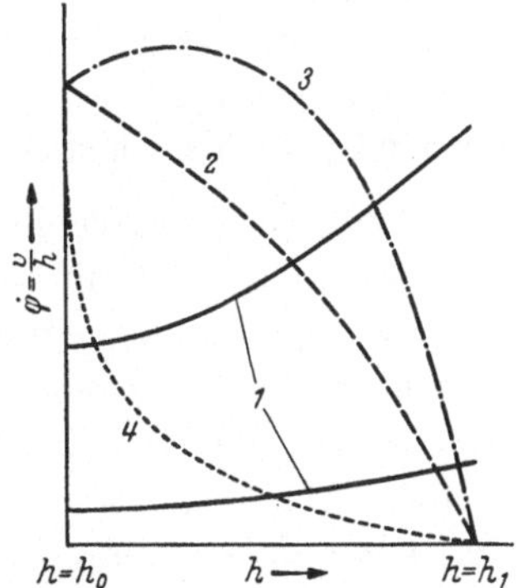

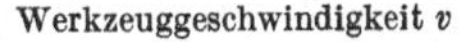

Werkzeuggeschwindigkeit v Formänderungsgeschwindigkeit $\dot\varphi$

1 hydraulische Pressen mit verschiedener Stößelgeschwindigkeit, *2* Maschine mit gleichförmig verzögerter Werkzeugbewegung, *3* Fallhammer, *4* Kurbelpresse

Abb. 5. Werkzeuggeschwindigkeit und Formänderungsgeschwindigkeit bei verschiedenen Umformmaschinen [16]

Eine gleichbleibende Formänderungsgeschwindigkeit $\dot{\varphi}$ läßt sich nur mittels einer besonderen Versuchsvorrichtung erzielen. Diese muß der Forderung

$$\dot{\varphi} = \frac{1}{h} \cdot \frac{dh}{dt} = c \qquad c = \text{const.}$$

genügen. Daraus folgt durch Integration für die augenblickliche Probenhöhe h

$$h = h_0 \cdot e^{-ct}$$

Das Zeitgesetz für die Werkzeuggeschwindigkeit v ergibt sich damit zu

$$v = \frac{dh}{dt} = -c \cdot h_0 \cdot e^{-ct}$$

(eine negative Geschwindigkeit bedeutet wegen der Abnahme von h Stauchen).

Mit der jeweiligen Probenhöhe h ist v durch die Beziehung

$$v = \dot{\varphi} \cdot h = c \cdot h$$

verknüpft; d. h. bei gleichbleibender Formänderungsgeschwindigkeit muß die Werkzeuggeschwindigkeit mit dem Stauchweg gleichsinnig abnehmen. Dieser Verlauf kann durch einen Nocken erzielt werden, der sich mit unveränderlicher Winkelgeschwindigkeit ω_0 dreht. Mit $t = \dfrac{\alpha}{\omega_0}$, worin $\alpha =$ Drehwinkel des Nockens, wird die Nockenform nach der Polargleichung

$$r = r_0 + h_0\left(1 - e^{\frac{c \cdot \alpha}{\omega_0}}\right)$$

bestimmt (r und $r_0 =$ Nockenradius) [17]. Eine solche Einrichtung fehlt im Bundesgebiet; jedoch ist eine derartige Versuchsmaschine bereits 1945 von der British Iron and Steel Research Association in Sheffield erstellt worden (,,cam plastometer'' [17]). Ergebnisse damit liegen vor, sind jedoch noch nicht veröffentlicht.

Jüngere deutsche Stauchversuche mit Fallhammer und hydraulischer Presse [11, 12, 15] rechnen mit einer *mittleren* Formänderungsgeschwindigkeit $\dot{\varphi}_m$ über den Vorgang, die als Integralmittelwert gefunden wird (Abb. 6). Beim Fallhammer weicht $\dot{\varphi}_m$ bis zu $3/4$ des Stauchvorganges nur wenig von der anfänglichen Formänderungsgeschwindigkeit ab, wenn das gesamte verfügbare Arbeitsvermögen von der Probe aufgezehrt wird. Man kann daher wenigstens aus der ersten Hälfte des Stauchvorganges verläßliche Werte für die Formänderungsgeschwindigkeit gewinnen. Abb. 6 zeigt den gemessenen, bereits aus Abb. 5 bekannten Verlauf der Formänderungsgeschwindigkeit $\dot{\varphi}$ über φ. Der Anfangswert beträgt 70/s, der Mittelwert $\dot{\varphi}_m \approx 65$/s. Der steile Abfall von $\dot{\varphi}$ im letzten Teil des Stauchvorganges läßt sich im Verlauf von k_f über φ (Abb. 7) wiederfinden. Er bewirkt hier einen ebenfalls steilen Abfall von k_f, der sich damit erklärt, daß die Entfestigung in diesem Teil des Vorgangs wirksam wird. Solange die Formänderungsgeschwindigkeit größer ist als die Entfestigungsgeschwindigkeit (Rekristallisationsgeschwindigkeit) tritt bei der Umformung eine Verfestigung des Werkstoffes ein.

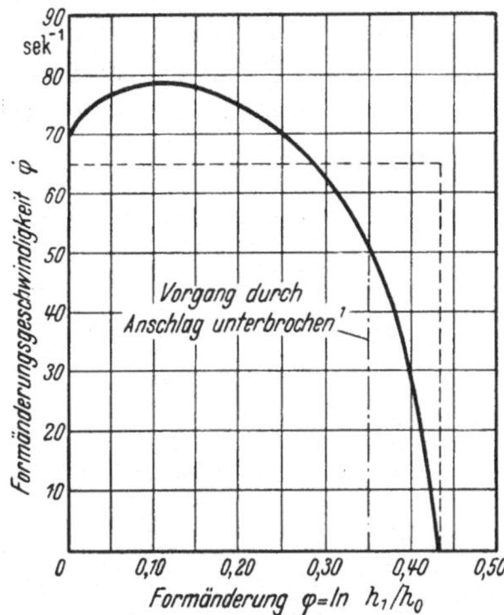

Abb. 6. Mittelwertbildung für $\dot\varphi$ beim Hammerschmieden $\vartheta = 1100°$, Werkstoff: 16 Mn Cr 5

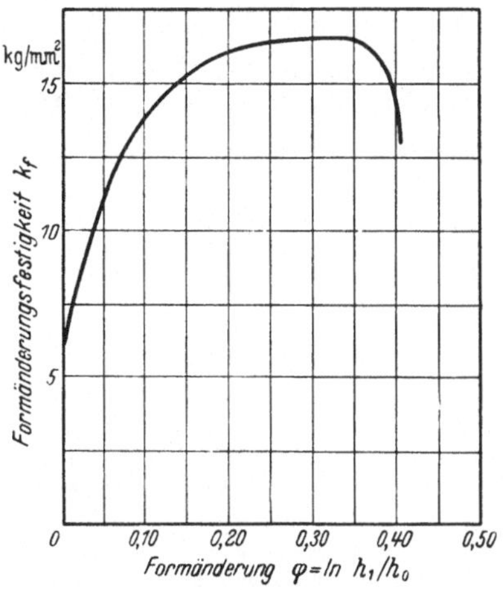

Abb. 7. k_f in Abhängigkeit von φ beim Hammerschmieden. $\vartheta = 1100°$, Werkstoff: 16 Mn Cr 5

Entsprechend Abb. 7 wird bei den genannten Versuchen der Verlauf von k_f über dem Stauchvorgang erstmalig annähernd genau erfaßt. Es ist daraufhin möglich, k_f als Funktion von φ und $\dot\varphi$ anzugeben; dabei bedeutet der Einfluß von φ die Verfestigung.

$$k_f = c \cdot \varphi^m \cdot \dot\varphi^n$$

(Für 16 Mn Cr 5 bei 1100°: $k_f = 11 \cdot \varphi^{0,16} \cdot \dot\varphi^{0,13}$ [kg/mm²]).

Diese Beziehung gilt jedoch nur für einen Bereich $\varphi \leqq [0,2]$. Weitere, ebenfalls am Max-Planck-Institut, Düsseldorf, durchgeführte Versuche, bei denen neben der Werkzeuggeschwindigkeit v die Probenhöhe h_0 so geändert wurde, daß $\dot\varphi_m$ unverändert blieb, bewiesen, daß die Werkzeuggeschwindigkeit ohne Einfluß ist und der Geschwindigkeitseinfluß, wie zu erwarten, tatsächlich nur in der Formänderungsgeschwindigkeit

---

[1] Wird der Umformvorgang z. B. durch Aufschlagen des Oberwerkzeugs auf einen Anschlag unterbrochen (in Abb. 6 bei $\varphi = [0,35]$) so weicht $\dot\varphi_m$ unter Umständen über den ganzen Vorgang nur wenig von der wahren Formänderungsgeschwindigkeit $\dot\varphi$ ab.

zum Ausdruck kommt. Für die Praxis bedeutet dies, daß auch mit einer an sich langsam arbeitenden Maschine, z. B. einer Kurbelpresse, bei sehr kleinen Umformwegen große Formänderungsgeschwindigkeiten und damit entsprechend hohe Werte von k_w auftreten können. Es muß also immer das Zusammenwirken von Umformmaschine und Werkstück beachtet werden.

In der Praxis kann man nicht mit k_f, sondern muß mit k_w rechnen. Weiter kommt es bei arbeitsgebundenen Verfahren[1] (Hammer, Spindelpresse) auch nicht auf den Augenblickswert, sondern auf denjenigen Mittelwert über den gesamten Umformvorgang an, der die gleiche Umformarbeit ergibt wie der tatsächliche Vorgang:

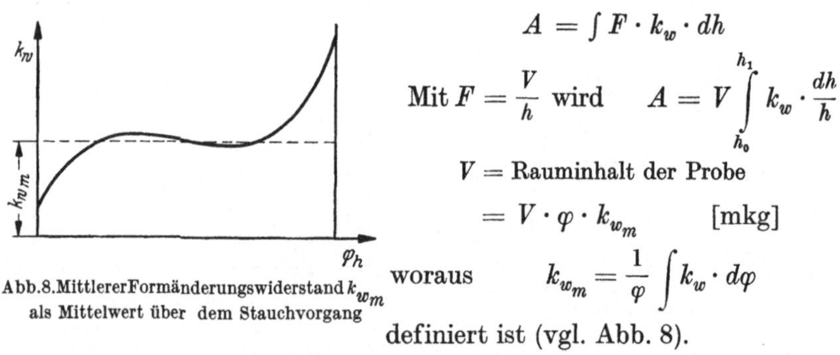

$$A = \int F \cdot k_w \cdot dh$$

$$\text{Mit } F = \frac{V}{h} \text{ wird} \quad A = V \int_{h_0}^{h_1} k_w \cdot \frac{dh}{h}$$

$$V = \text{Rauminhalt der Probe}$$

$$= V \cdot \varphi \cdot k_{w_m} \quad [\text{mkg}]$$

Abb. 8. Mittlerer Formänderungswiderstand k_{w_m} als Mittelwert über dem Stauchvorgang

woraus

$$k_{w_m} = \frac{1}{\varphi} \int k_w \cdot d\varphi$$

definiert ist (vgl. Abb. 8).

Setzt man in diese Gleichung anstelle k_{w_m} k_{f_m} ein, so erhält man die theoretische Umformarbeit A_{th}. Das Verhältnis A/A_{th} wird als Formänderungswirkungsgrad η_F bezeichnet. Die Umformarbeit läßt sich dann bei Stauchkörpern auch aus der folgenden Gleichung berechnen:

$$A = \frac{V \cdot \varphi \cdot k_{f_m}}{\eta_F} \quad [\text{mkg}] .$$

Das ist sinnvoll, wenn k_{f_m} z. B. durch Messung oder aus einem Schaubild bekannt ist und wenn η_F nach dem bekannten Wert eines ähnlichen Vorganges geschätzt werden kann.

Die größte Stauchkraft P errechnet man überschlägig aus dem größten Produkt von Preßfläche × Formänderungswiderstand. Hierbei ist zu berücksichtigen, daß beim Gesenkschmieden oft Arbeitsbedingungen vorliegen, bei denen der Formänderungswiderstand infolge großer Umformungen und rauher Werkzeugoberflächen ein Vielfaches der Formänderungsfestigkeit beträgt (s. Abb. 4). Die Kenntnis der Reibungs-, Schiebungs- und Formeinflüsse ist daher von Bedeutung; hierin liegt noch ein ungelöstes Problem. Ohne Kenntnis der Formänderungs-

---

[1] Bei kraftgebundenen Verfahren ist die größte Umformkraft entscheidend

festigkeit kann andererseits die Reibungszahl und das für die Vorausberechnung des Kraft- und Arbeitsbedarfes benötigte Verhältnis k_w/k_f nicht ermittelt werden. Dies bedeutet, daß für den Gebrauch in den Gesenkschmieden die k_f-Werte aller Schmiedewerkstoffe bei verschiedenen Temperaturen bestimmt und in geeigneter Form zusammengestellt werden müssen.

13 Probleme beim Gesenkschmieden

Die beim Stauchvorgang gefundenen Zusammenhänge geben die Grundlage für die Untersuchung des Gesenkschmiedevorganges selbst. Hinzu kommen jedoch neue Einflüsse, insbesondere derjenige der Form. Hierbei hat die Frage, wie weit der Werkstoff in die Form „steigt" — m. a. W.: Wie fließt der Werkstoff im Gesenk entgegen der Werkzeugbewegung? — eine überragende Bedeutung. Verschiedene Versuchsarbeiten kommen hier zu teils ähnlichen, teils widersprechenden Ergebnissen [10, 18, 19, 20]. Infolge der gegenüber dem Stauchversuch wesentlich größeren Zahl von Einflüssen — hierbei kommt es zusätzlich auf die innere Gestaltung des Werkzeuges, die Gratbahnausführung, die Ausgangsform des Werkstückes und die Werkzeuggeschwindigkeit an — sind bezüglich des Steigens und ganz allgemein des Ausfüllens der Hohlform noch sehr viele Fragen offen, die sich nur durch Experimente und Berechnung lösen lassen (Abb. 9).

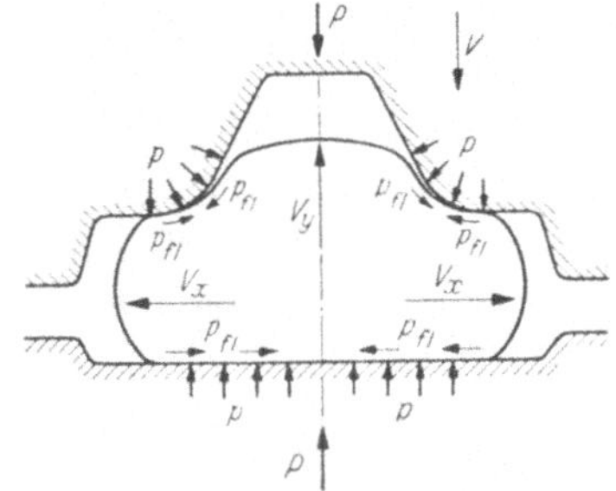

Abb. 9. Kräfte und Geschwindigkeiten im Gesenk zu Beginn des Schmiedevorganges

Dabei ergeben sich meßtechnische Schwierigkeiten bei der Messung der Druckkräfte im Gesenk; diese liegen in der Größenordnung von $10 \cdots 100 \text{ kg/mm}^2$, unter Umständen noch darüber. Weiterhin muß die Werkzeugbewegung bzw. ihr zeitlicher Verlauf gemessen werden. Störend bei allen derartigen Versuchen wirken die hohen Temperaturen über 1000° C. Modellwerkstoffe, mit denen bei geringeren Beanspruchungen und bei Raumtemperatur gearbeitet werden könnte, wären daher sehr willkommen. Diese müssen zwei Forderungen, nämlich nach

1. Erzeugung gleicher geometrischer Formen,
2. gleichem Kraftverlauf bei der Umformung

verglichen mit dem jeweils vorliegenden Schmiedewerkstoff — Stahl, NE-Leicht- und Schwermetalle — genügen. Im Vergleich zu Stahl sind bisher nur 2 Modellwerkstoffe bekannt, die den genannten Anforderungen teilweise nachkommen: Weichblei und Plastilin. Beide haben ähnliche Fließkurven wie warmer Stahl, dagegen andere Reibwerte, so daß bei den beim Gesenkschmieden auftretenden großen Umformungen doch gewisse Abweichungen im Kraftverlauf und ggf. auch in der Formausbildung auftreten können. Das schließt aber nicht aus, daß bei entsprechenden Erfahrungen aus Modellversuchen wertvolle Schlüsse gezogen werden können; in Einzelfällen werden auch quantitative Ergebnisse zu erhalten sein. Hierzu sind jedoch noch intensive vergleichende Untersuchungsarbeiten nötig.

In England hat man bereits mit Plastilin als Modellwerkstoff Erfahrungen gesammelt; bei kleinen Formänderungsgeschwindigkeiten, d. h. unter der Presse, wurden mit dem Verhalten von Stahl vergleichbare Ergebnisse erzielt [*21, 22*]. Es bliebe noch festzustellen, wie weit ein Vergleich auch bei hohen Formänderungsgeschwindigkeiten möglich ist. Gegebenenfalls ließen sich dann die Fließvorgänge im Gesenk an allen Maschinenarten mit Plastilin in durchsichtigen Gesenken (Plexiglas) in ihrem gesamten Ablauf beobachten. Derartige Untersuchungen werden sich zunächst auf einfache, runde oder symmetrische Formen zu beziehen haben, die ohne *Zwischenformung* vom Stangenabschnitt in einer einzigen Gravur geschmiedet werden; schon hierbei sind aber verschiedene Ausgangsformen durch Veränderung von Querschnitt und Höhe bei gleichem Rauminhalt möglich. Viel schwieriger werden die Verhältnisse bei der großen Zahl anderer Schmiedestücke — nach amerikanischen Schätzungen werden über 600000 verschiedene Ausführungsarten in der Welt hergestellt — die eine Untersuchung der Fließvorgänge für jede Form von vornherein unmöglich macht. Gelingt es jedoch, die verschiedenen *Formen* in Gruppen zu *ordnen,* so lassen sich *Grundformen* herausstellen, die dann eingehend, insbesondere auch hinsichtlich der günstigsten Zwischenformung, untersucht werden können. Die systematische Ordnung der Schmiedestückformen fällt unter den Begriff „Hauptgeometrie", die zusammen mit der „Fehlergeometrie" die geometrische Form der Gesenkschmiedestücke beschreibt, wobei in der Fehlergeometrie die vom Verfahren bedingten Abweichungen von der Hauptgeometrie erfaßt werden.

Die Hauptgeometrie muß die Beschreibung aller oder nahezu aller technisch herstellbarer Gesenkschmiedestücke ermöglichen und hierzu die Bindungen an

Maschine — Verfahren — Werkzeug

beachten. Besondere Bedeutung hat die *Umformung in mehr als einer Richtung,* z. B. die Verbindung Gesenkschmieden unter Hammer oder Presse und Stauchen, wie Anstauchen von Flanschen an Kurbelwellen. Eine andere Erweiterung der Formen ergibt sich durch *nach dem Schmieden* im Gesenk *folgendes Biegen.* Hier ist völlige Freiheit in der Winkellage gegeben. Allerdings ist es schmiedetechnisch ohne Belang, ob ein

Werkstück mit bestimmter Massenverteilung im Endzustand gestreckt oder gebogen ist; dies ist auch topologisch dasselbe (Abb. 10).

Praktisch hat eine Formenordnung für Gesenkschmiedestücke für vier Aufgaben Bedeutung:

1. für die systematische Untersuchung des Schmiedevorganges selbst,
2. für die Bestimmung der geeigneten Zwischenformen,
3. für die Bestimmung des notwendigen Werkstoffeinsatzes,
4. für die Bestimmung der erforderlichen Umformarbeit.

Ob sich eine einzige Formenordnung[1] finden läßt, die allen diesen Bedingungen und dann vielleicht noch dem Erfordernis der Gesenkherstellordnung entspricht, möge zunächst offen bleiben; das Bedürfnis kann auch durch mehrere Formenordnungen für je einen oder mehrere Zwecke gestillt werden, wenn nur jedes Stück sich in eine Ordnungsklasse einordnen läßt.

Die Bedeutung für den Schmiedevorgang ist bereits unter Hinweis auf die Notwendigkeit weitgehender *Zwischenformung* vorweggenommen. Die Zwischenformung dient zwei Zwecken:

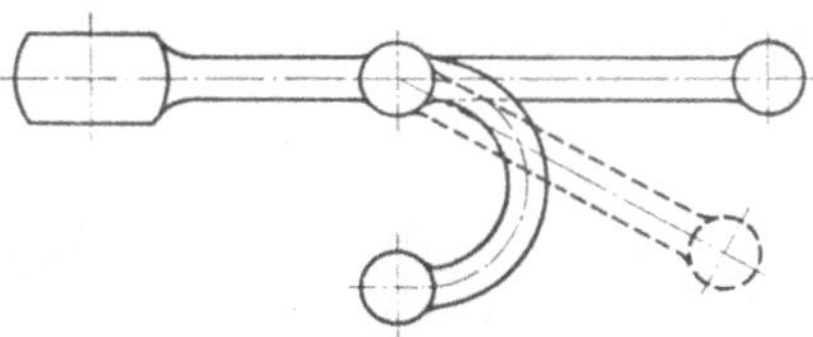

Abb. 10. Topologisch gleiche Gesenkschmiedestücke mit verschiedener Winkellage

a) der Werkstofferparnis durch Massenverteilung des Werkstoffes in der Zwischenform,

b) der Erhöhung der Lebensdauer der Schmiedegesenke durch gute Anpassung der Querschnitte der letzten Zwischenform an die Endform.

Zu ihrer richtigen Abstufung zwischen gewalztem Halbzeug und fertigem Schmiedestück sind umfangreiche praktische Erfahrungen und Kenntnisse der Fließvorgänge erforderlich, letztere insbesondere bei modernen Zwischenformverfahren, wie z. B. dem Reckwalzen [*23*]. Andere Veröffentlichungen über die Zwischenformung liegen aus dem russischen Schrifttum vor. Dort werden erstmals Verfahren zur numerischen und graphischen Ermittlung der fließgünstigsten Zwischenformen entwickelt; außerdem wurden Formenordnungen aufgestellt, die jeweils die auf einzelnen Maschinenarten (Hammer, Kurbelpresse, Stauchmaschine usw.) herzustellenden Schmiedestücke umfassen [*24*]. Eine noch offene Frage ist die Abstimmung zwischen letzter Zwischenform (Vorschmiedeform) und Endform. Der Werkzeugverschleiß wird verringert, wenn sich der Werkstoff nicht *gleitend* sondern *wälzend* an die Gesenkwand anlegt (Abb. 11). Dies hat sich in der Praxis und im Experiment bestätigt [*25*].

---

[1] Jede Ordnung wird durch ihren Zweck bestimmt (KIENZLE: Seminar für Technische Normung)

Für die Bestimmung der notwendigen Werkstoffeinsatzmenge, m. a. W. des Zuschlages zum Schmiedestückgewicht für Abbrand und Grat, ist eine Formenordnung besonders notwendig. Die ersten Versuche, Formenordnungen aufzustellen, hatten daher im wesentlichen die Ermittlung des Einsatzgewichtes zum Zweck [26, 27]. Sie haben den Nachteil, sich nicht genug von der Form der Schmiedestücke freizumachen und sind daher sowohl unvollständig als auch unübersichtlich. Trotzdem haben sie für die Verwendung in der Arbeitsvorbereitung eine gewisse Nützlichkeit erwiesen.

Für die Bestimmung der erforderlichen Umformarbeit läßt sich eine Formenordnung ebenfalls gut verwenden, indem für bestimmte Formenklassen von Gesenkschmiedestücken die Arbeitsbeträge gemessen und dann in einem Katalog zusammengestellt werden. Ein solcher wäre eine wertvolle Unterlage für die Arbeitsvorbereitung, die danach die Maschinenauswahl treffen kann. Ein geeignetes Meßgerät, das die wahre

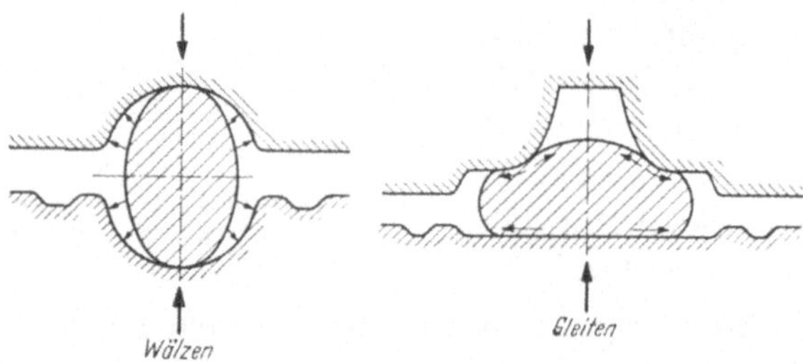

Abb. 11. Werkstoff-Fluß im Gesenk

Geschwindigkeit beim Schmieden unter Hämmern ohne Störung des Arbeitsablaufes mißt und aufschreibt, wurde bereits hierfür entwickelt [28]. Hieraus und aus dem Bärgewicht wird der Betrag für A beqeum errechnet.

Die *Fehlergeometrie* der Gesenkschmiedestücke wurde vom Verfasser in seiner Dissertation [25] bereits ausführlich behandelt. Abb. 12 gibt einen Überblick über die Einflüsse auf Maß-, Form- und Lagegenauigkeit. Diese rühren in erster Linie vom Werkzeug, daneben von der Maschine, von der Arbeitsfolge und schließlich von außerhalb des Gesenkes her. *Maßüberschreitungen* durch unzulässig großen *Verschleiß*, *Versatz* infolge unzureichender *Maschinenführungen*, *Mittenabweichungen* durch *Verbiegen* beim Abgraten oder *Verzug* bei der Abkühlung sind die wichtigsten Gesenkschmiedefehler.

Ihre zulässigen Größen sind in Toleranznormen (DIN 7524) festgelegt. Diese entsprechen jedoch nicht mehr den heutigen Anforderungen und lassen folgende Änderungen als notwendig erscheinen:

1. Verkleinerung der Versatztoleranzen, insbesondere Anpassung der Längenversatztoleranzen an die Breitenversatztoleranzen.

2. Änderung der Bezugsgrößen für die Toleranzen; diese werden zweckmäßig auf die tolerierten Größen bezogen.

3. Wahl eines Stufensprunges $\varphi = 1{,}6$ zwischen den einzelnen Genauigkeitsstufen.

4. Erweiterung des bisherigen Maßtoleranzsystems von 2 auf 4 Genauigkeitsklassen. Hierbei ist es nötig, verschiedene Abmessungen eines Schmiedestückes je nach ihrer Funktion verschieden zu tolerieren.

Punkt 4 ist für die wirtschaftliche Herstellung und Bearbeitung von Gesenkschmiedestücken sehr wichtig. Es brauchen dann nur einzelne Stellen eines Schmiedestückes bei der Gesenkherstellung und im gesamten Arbeitsablauf sorgfältig überprüft zu werden; alle anderen Abmessungen sind so grob wie möglich zu tolerieren. Hiermit würde eine Handhabung, die sich praktisch schon in der Zusammenarbeit zwischen Gesenkschmieden und Großabnehmern bewährt hat, im deutschen

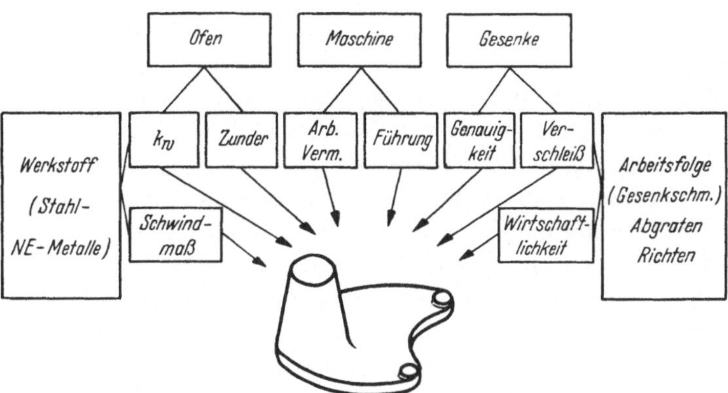

Abb. 12. Einflüsse auf die Genauigkeit beim Gesenkschmieden

Normenwerk verankert werden. Diese gibt dem Verarbeiterbetrieb die Gewißheit, daß er an den Stellen, auf die es ankommt — insbesondere Spannstellen und Flächen für die Erstaufnahme der Werkstücke in der Bearbeitungsmaschine — wirklich Maße mit geringsten Schwankungen erhält, weil an diesen Stellen Arbeitsverfahren wie Warm- oder Kaltprägen angewandt werden können.

Grundsätzlich ist jede durch Untersuchungen gefundene Zahl, die es erlaubt, den Boden der reinen Empirie zu verlassen, als Fortschritt anzusehen. Man weiß, wo man vorher nur schätzte. Dies gilt insbesondere für die Schmiedetechnik, die noch vor 50 Jahren völlig von der persönlichen Erfahrung abhängig war. Inzwischen ist diese Erfahrung, auf die letzlich nie ganz verzichtet werden kann, teilweise durch feste Tatbestände untermauert worden. Trotzdem sind seitens der Praxis noch viele Fragen offen. Diese so bald wie möglich durch entsprechende Untersuchungen zu klären, ist auch ein Gebot der Wirtschaftlichkeit, denn Mißerfolge infolge mangelnden Wissens kosten unnötiges Geld. Für die Praxis kommt es vor allem darauf an, von den grundlegenden Erkenntnissen her die Verbindung zu den praktischen Fragen des Gesenkschmiedens zu schaffen. Nachstehend sind die wichtigsten notwendigen Forschungsarbeiten, die im Umriß bereits oben besprochen wurden, der Übersichtlichkeit halber noch einmal zusammengestellt.

1. Messung der Kräfte und Spannungen sowie der Gleitgeschwindigkeiten beim Stauchversuch und in einfachen Gesenken unmittelbar am Werkstück bzw. Werkzeug. Hierbei verdient der Steigvorgang besondere Beachtung.

2. Untersuchung der Reibungseinflüsse auf Kräfte und Umformarbeit. In diesem Rahmen kommt der Gestaltung der Gratbahn besondere Bedeutung zu.

3. Erforschung der Bedingungen für die Gestaltung der Zwischenformen in Bezug zur Fertigform und untereinander. Hierzu ist die Aufstellung einer zweckmäßigen Formenordnung Voraussetzung.

4a. Ermittlung von Zahlenwerten für den Formänderungswirkungsgrad als Unterlagen zur Abschätzung des tatsächlichen Arbeitsbedarfes für bestimmte Grundformen von Gesenkschmiedestücken. Hierbei ist zu berücksichtigen, daß der Formänderungswirkungsgrad η_F groß wird, wenn die Formgebung von Stufe zu Stufe sorgfältig abgestuft ist, d. h. wenn große Umformungen insbesondere mit wiederholter Umlenkung des Werkstoffflusses in einem Arbeitsgang vermieden werden.

4b. Ermittlung der benötigten Umformarbeit an zahlreichen Schmiedestücken und Zusammenstellung zu einem Formenkatalog, aus dem das Arbeitsvermögen abhängig von Form, Gewicht, Werkstoff und Schmiedetemperatur entnommen werden kann. Dieser Katalog wäre eine wertvolle Unterlage für die Arbeitsvorbereitung.

5. Untersuchung der Einflüsse, die außerhalb des Gesenkes die Maß- und Formgenauigkeit der Schmiedestücke verändern. Hier sei nur auf das Schwinden und Verziehen der Teile bei der Abkühlung verwiesen.

6. Überarbeitung der derzeitig geltenden Toleranznormen für Gesenkschmiedestücke, insbesondere Erweiterung auf 4 Genauigkeitsklassen, die an ein und demselben Werkstück wahlweise entsprechend der Funktion der Schmiedestückteilabschnitte nebeneinander angewandt werden können.

2 Die Werkstoffe für Gesenkschmiedestücke

21 Arten und Eigenschaften

Als Werkstoffe für Gesenkschmiedestücke kommen grundsätzlich alle knetbaren Metalle in Betracht. Technische Bedeutung haben davon jedoch nur Kupfer, Aluminium, Magnesium, Nickel, Titan bzw. ihre

Legierungen, insbesondere jedoch unlegierter und legierter Stahl. Zur Sicherung und Erweiterung der Kenntnisse vom inneren Verhalten dieser Werkstoffe bei der Warmumformung bedarf es der Verfahren der Metallographie und der Metallphysik. Diese finden ständig neue Aufgaben, z. B. in der Untersuchung neu entwickelter Legierungen, bei der Beobachtung des Einflusses neuer Wärmebehandlungsverfahren u. a. m. Ein Problem besteht u. a. auch noch in der Frage, ob beim Schmieden, d. h. unter hohen Drücken, eine echte „Verdichtung" — d. h. eine Volumenverminderung — auftritt. Hierbei würde vor allem der Einfluß der Größe der Druckkräfte interessieren.

Von den *Nichteisenmetallen*, die im Rahmen dieser Studie nicht eingehender behandelt werden sollen, seien nachstehend einige wichtige Eigenschaften und Kenndaten angegeben:

Schmiede- und Preßteile aus *Kupfer* und *Messing* werden vorwiegend im Armaturenbau, als Ausrüstungsteile in der Elektrotechnik und im Fahrzeugbau sowie in der Feinmechanik verwendet. Sie sind genügend korrosionsbeständig, haben gute bzw. ausreichende elektrische Leitfähigkeit und erreichen nach der Umformung Zugfestigkeiten von $40 \cdots 45 \text{ kg/mm}^2$ (Ms 60 und Ms 58) bei Bruchdehnungen von $20 \cdots 25\%$. Sonderpreßmessinge (mit Zusatz von Fe, Mn oder Ni) erreichen sogar 80 kg/mm^2 bei $10 \cdots 20\%$ Bruchdehnung [29].

Teile aus *Reinaluminium* werden bei hohen Ansprüchen an die Korrosionsbeständigkeit, z. B. im Hochspannungsfreileitungsbau (Klemmstücke usw.) verwendet. Für den Fahrzeug- und vornehmlich Flugzeugbau werden die aushärtbaren Al-Knetlegierungen ($\gamma \approx 2{,}7 \cdots 2{,}9$) eingesetzt, mit denen Zugfestigkeiten von $30 \cdots 55 \text{ kg/mm}^2$ bei Bruchdehnungen $\geq 10\%$ erreicht werden. Die üblichen *Magnesium*-Preßlegierungen ($\gamma \approx 1{,}8$) haben Zugfestigkeiten von $23 \cdots 32 \text{ kg/mm}^2$ bei $10 \cdots 16\%$ Bruchdehnung.

Im Fahrzeug- und Flugzeugbau werden Sonderlegierungen, z. B. Mg Al 7 verwendet, die im ausgehärteten Zustand $34 \cdots 37 \text{ kg/mm}^2$ Zugfestigkeit aufweisen und damit die Werte der aushärtbaren Aluminiumlegierungen teilweise erreichen [29]. Die Korrosionsbeständigkeit ist jedoch geringer.

Das *wirtschaftliche Gesenkschmieden* von *Leichtmetallen* erfordert die Wiederverwertung des anfallenden Gratschrotts und der Ausschußteile. Gegenüber Stahl ist nämlich der Anteil des in den Grat abfließenden Werkstoffes wesentlich größer, so daß große Stoffmengen ständig als Schrott zu niedrigen Preisen abgegeben werden müßten, wenn sie nicht im eigenen Betrieb durch Umschmelzen, Stranggießen und ggf. auch Strangpressen wieder zu Ausgangswerkstoff für neue Schmiedeteile aufbereitet würden. Hierbei ergeben sich auch Möglichkeiten, die

Arbeitsstufen der *Zwischenformung* vom Gesenkschmieden weg zum *Strangpressen* zurückzuverlegen; als Beispiel hierfür sei die Herstellung von Flügelmuttern aus Aluminium genannt (Abb. 13).

Diese Aufteilung der Arbeitsstufen auf Strangpressen und Gesenkschmieden bietet in vielen Fällen wirtschaftliche Formungsmöglichkeiten. Auch beim Gesenkschmieden von *Stahl* wird dieses Verfahren von Bedeutung werden, wenn die Herstellung von Profilstangen durch Strangpressen möglich ist; hieran wird jedoch z. Z. gearbeitet. Voraussetzung für die wirtschaftliche Anwendung sind aber immer ausreichende Stückzahlen.

Nickel als reiner Werkstoff hat nur geringe technische Bedeutung, um so größer ist jedoch die seiner Legierungen. Von diesen zeichnet sich das *Monelmetall* (60···70 Ni, Rest Cu) durch eine Zugfestigkeit von 60 kg/mm² bei guter Kalt- und Warmumformbarkeit, hoher Warmfestigkeit (bis 500° C) und guter Beständigkeit gegen Laugen, Säuren und Salze aus. Mit der Entwicklung der Strahlantriebe haben für die Bearbeitung durch Gesenkschmieden die unter der Bezeichnung „*Nimonic*" bekannten Nickel-Chrom-(Molybdän)-Legierungen mit Titan-, Eisen-, Kobalt- und Aluminiumzusatz an Bedeutung gewonnen (z. B. 20% Cr, 75% Ni, Rest Ti, Al, Fe, C). Diese sind hoch wärmebeständig und werden u. a. als Schaufelwerkstoffe im Antriebsteil von Gasturbinen verwendet. Sie sind jedoch schwierig zu verschmieden.

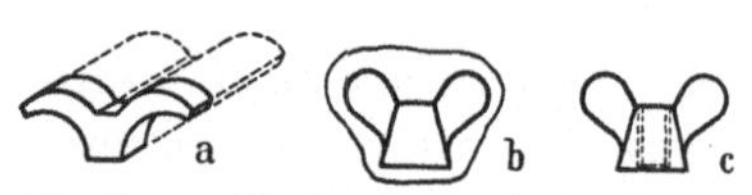

Abb. 13 a—c. Schmieden von Flügelmuttern mit stranggepreßter Zwischenform (Leichtmetall)
a) vom stranggepreßten Profil abgeschert
b) im Gesenk geschmiedet   c) fertiges Teil

Titan und seine *Legierungen* mit Fe, Cr, Mn und Al haben in jüngerer Zeit Bedeutung erlangt und werden sich mit der zu erwartenden Verbilligung in der Herstellung ein weites Anwendungsgebiet sichern. Bei einer Wichte von 4,5 g/cm³ steht Titan zwischen den Schwer- und Leichtmetallen. Zugfestigkeit und Streckgrenze betragen bei Reintitan (im Induktionsofen erschmolzen und geschmiedet) 70 bzw. 60 kg/mm² bei Bruchdehnungen zwischen 10···15%. Bei Titanlegierungen können diese Werte auf über 120 bzw. 110 kg/mm² anwachsen, wobei die Bruchdehnungen zwischen 10···12% liegen [*30*]. (Beispiel: Titan 175 A mit 0,5 O; 0,02 C; 1,5 Fe; 3,0 Cr erreicht Zugfestigkeit 123 kg/mm², Streckgrenze 112 kg/mm² bei Bruchdehnung 10···12%). Die technische Bedeutung des Titans liegt darin, daß es das günstigste Verhältnis zwischen Gewicht und Festigkeit von allen bekannten Metallen aufweist. Daneben ist Titan im allgemeinen äußerst korrosionsbeständig, z. B. auch gegen Seewasserangriff. Verwendet wird Titan z. Z. im Flugzeugbau, für Verdichterschaufeln von Gasturbinen, für korrosionsbeständige Instrumente (Chirurgie, Vermessungswesen) und anderweitig, z. B. für korrosionsbeständige Schrauben und Muttern. Durch Schmieden und

Gesenkschmieden wird Titan im Temperaturbereich zwischen 800 und 950° C umgeformt; es muß wegen der hohen Affinität von Titan zum Sauerstoff oberhalb 600° sehr schnell erwärmt werden. Die Umformung selbst muß, soweit bis heute bekannt, in möglichst vielen Stufen — d. h. beim Hammerschmieden mit vielen, leichten Schlägen, beim Pressen mit niedriger Preßgeschwindigkeit — vor sich gehen. Auch das geringe Schwindmaß — $< 1\%$ — ist zu beachten; bei Teilen mit hoher Maßgenauigkeit können daher Gesenke, in denen bisher Stahl geschmiedet wurde, nicht für Titan verwendet werden.

Der *wichtigste Werkstoff für Gesenkschmiedestücke ist Stahl*. Seine Bedeutung liegt darin, daß er sich sowohl durch *Legierungszusätze* als auch durch *Wärmebehandlung* in seinen Eigenschaften den verschiedensten Anforderungen anpassen läßt. Im Zusammenhang mit Gesenkschmiedestücken sei hier nur auf *Härte, Streckgrenze, Zugfestigkeit, Bruchdehnung, Zähigkeit, Dauerstandfestigkeit, Warmfestigkeit, Zerpanbarkeit* und *Korrosionsbeständigkeit* hingewiesen.

Für Gesenkschmiedestücke werden je nach Verwendungszweck *Baustähle* sowie *Einsatz-* und *Vergütungsstähle* — legiert und unlegiert — verwendet, darunter in geringerem Umfang auch austenitische oder ferritische *rostfreie* Stähle. Letztere werden in der chemischen Industrie, der Nahrungsmittelindustrie sowie für Bestecke, chirurgische Instrumente usw. verwendet [*31, 32, 33*] und erfordern große Sorgfalt beim Gesenkschmieden. Nachdem in den USA heute bereits im Verhältnis viel mehr rostfreier Stahl als in Westdeutschland verarbeitet wird, ist in Zukunft auch hier im Zug der allgemeinen Entwicklung zur Qualitätssteigerung mit dem vermehrten Einsatz dieser Werkstoffe zu rechnen. Die Gesenkschmieden müssen sich daher auch auf die Verarbeitung rostfreier Stähle im größeren Umfang einrichten.

Bei unlegierten Vergütungsstählen lassen sich Zugfestigkeiten zwischen 50 und 90 kg/mm² bei Bruchdehnungen zwischen 11 und 20% je nach C-Gehalt und Wärmebehandlung erreichen; bei legierten Vergütungsstählen sind es $80\cdots>130$ kg/mm² Zugfestigkeit (Streckgrenze $>55\cdots>90$ kg/mm²) bei $8\cdots12\%$ Bruchdehnung. Bei den Einsatzstählen — Aufkohlen im Pulver, im Salzbad oder im Gasstrom — richtet sich die Härte in der aufgekohlten Schicht sowie im Kern ebenfalls nach der Zusammensetzung des Grundwerkstoffes, ferner nach der Einsatzzeit, der Art der Aufkohlung und der Wärmebehandlung. Hierbei lassen sich die Werkstückeigenschaften weitgehend den Beanspruchungen anpassen.

Soweit Gesenkschmiedestücke hochbeanspruchte Konstruktionsteile sind, ist für sie ein einwandfreier Werkstoff unbedingte Voraussetzung, um so mehr, als durch Verfeinerung der Warmbehandlungsverfahren heute das Letzte an Festigkeit, Härte, Dehnung usw. im Hinblick auf den Leichtbau herausgeholt werden kann.

22 Anforderungen an die Werkstoffe und ihre Prüfung

Von Werkstoffen für hochwertige Schmiedestücke sind zu verlangen:

1. Einhaltung der vorgeschriebenen *Analyse* und des *Herstellungsverfahrens* (Erschmelzung und Weiterbearbeitung) sowie Einhaltung des gewünschten Gefügezustandes. Hiervon sowie von der Warmbehandlung hängen die mechanischen und technologischen Eigenschaften der fertigen Schmiedestücke ab.

2. Weitgehend Freisein von *Oberflächenfehlern* wie Riefen, Schuppen, Überwalzungen, Rissen[1], entsprechend den Möglichkeiten der angewandten Verfahren.

3. Freisein von Schlackeneinschlüssen und keramischen Einschlüssen, ferner weitgehend Freisein von anderen *inneren Fehlern* wie Poren, Gasblasen, Seigerungen und Flocken im Rahmen der bei der Erschmelzung und Weiterbearbeitung durch Walzen gegebenen Möglichkeiten.

Diese Anforderungen werden von den verschiedenen Erschmelzungsarten im gleichen Maße mehr oder weniger erfüllt. Hoch- und höchstlegierte Stähle werden durchweg im Elektroofen erschmolzen, Qualitätsstähle im SM-Ofen, Massenstähle im SM-Ofen oder Thomas-Konverter. Hieraus ergibt sich von selbst schon eine Gütestufung. Für gewöhnliche Schmiedestücke ohne besondere Gütevorschriften wird im großen Umfang Thomasstahl verwendet. Anstelle von SM-Stahl kann z. T. auch verbesserter Konverterstahl Verwendung finden.

Die Einhaltung genauer Analysenwerte bei hochlegierten Stählen und Qualitätsstählen hängt in erster Linie vom Können des Stahlwerkers ab. In den USA mit ihrem größeren Markt macht man sich hiervon durch die Anwendung der spektral-analytischen Schnellbestimmung zur Überwachung der Analyseneinhaltung teilweise unabhängig. Infolge der Kosten dieses Verfahrens sind jedoch Schmelzen mit mindestens 100 bis 200 t Gewicht für seine wirtschaftliche Anwendung erforderlich [*31*]. Grundsätzlich lassen sich genaue Analysenwerte innerhalb der gegebenen Toleranzen[2] aber auch bei kleineren Schmelzen einhalten. Die Erfahrungen bei der Wärmebehandlung zeigen jedoch, daß selbst bei eingehaltener Analyse von Schmelze zu Schmelze plötzliche Änderungen des Werkstoffverhaltens auftreten, deren Ursache noch nicht geklärt ist. Aus diesem Grunde dürften daher bei warm zu behandelnden Teilen große

---

[1] Mitunter ist es erforderlich, die gewalzte Oberflächenschicht der Blöckchen z. B. durch Abdrehen bzw. Schälen ganz zu entfernen, wenn vom Schmiedestück her die sichere Ausschaltung aller Oberflächenfehler verlangt wird

[2] Unter Umständen können schon die Unterschiede in *einem* Gußblock die Toleranzgrenzen erreichen oder überschreiten

Schmelzengewichte zu empfehlen sein. Je größer eine Schmelze ist, desto mehr gleichartige Schmiedestücke lassen sich daraus herstellen; dies wirkt sich wiederum äußerst vorteilhaft auf Wärmebehandlung und Weiterbearbeitung durch Abspanen aus. Hierauf wird weiter unten noch zurückzukommen sein.

Qualitätsstähle werden heute vom Stahlwerk im allgemeinen mit Werksattest geliefert. Hierin ist die Schmelzenanalyse angegeben. Viele Betriebe verzichten daher auf eine chemische Eingangskontrolle, andere führen jedoch Stichprobenuntersuchungen durch. Wie sich der einzelne Betrieb hier entscheidet, hängt letztlich von seinem Schmiedeprogramm und von seinem Vertrauensverhältnis zu seinem Werkstofflieferanten ab. Zur Feststellung von anderen Werkstoffehlern werden folgende Prüfungen empfohlen:

1. Prüfung auf äußerlich erkennbare Oberflächenfehler durch Betrachten mit dem Auge, notfalls nach Abbeizen des Walzzunders;

2. Stauchprobe zur Sichtbarmachung von feinen Oberflächenfehlern und zur Prüfung der Stauchbarkeit;

3. Bruchprobe zur Prüfung auf Gasblasen und Flocken;

4. Rotbruchprobe zur Prüfung auf Rotbruchanfälligkeit (700···900° C);

5. Schwefelabdruck nach BAUMANN zum Nachweis von Schwefel- und Phosphorseigerungen und zur Feststellung der Seigerungszonen;

6. Schleiffunkenprobe als Kontrolle, wenn der Verdacht auf Werkstoffverwechslungen besteht. Hierzu stehen heute auch magnetische Prüfverfahren sowie Wirbelstrom-Prüfverfahren zur Verfügung;

7. Mechanisch-technologische Prüfungen.

Neben diesen einfachen Prüfungen, die auch der kleine Betrieb ohne großen Aufwand vornehmen kann, können auch feinere, allerdings aufwendigere Eingangsprüfungen angewandt werden. Es sei hier nur auf metallographische Gefügeuntersuchungen und die neueren zerstörungsfreien Prüfverfahren wie Ultraschallprüfung, magnetische Rißprüfung oder Wirbelstrom-Prüfverfahren hingewiesen. Auf dem Gebiet der zerstörungsfreien Werkstoffprüfung sind darüber hinaus in Zukunft noch Neuentwicklungen zu erwarten. Sie haben den Vorteil, daß sie sich meist ohne weiteres in den Fertigungsablauf einfügen lassen und subjektive, vom Prüfer herrührende Fehler mit großer Sicherheit ausschalten.

Von Bedeutung ist heute außerdem die *Härtbarkeitsprüfung*. Da die deutschen Stahlwerke ihren Stahl noch nicht mit Härtbarkeitszeugnis abgeben, müssen von den einzelnen Gesenkschmieden Härte- bzw. Vergütungsproben entsprechend der späteren Wärmebehandlung selbst vorgenommen werden. Zu deren Beurteilung und Anwendung auf die Wärmebehandlung gehört viel Erfahrung. Gute Werkstoffachleute sind jedoch selten, so daß seitens der verarbeitenden Industrie die Forderung nach Stahllieferung mit Härtbarkeitszeugnis immer dringender erhoben wird. Dabei ist darauf hinzuweisen, daß in den USA bereits in dieser Weise verfahren wird. Die Härtbarkeit[1] wird dort im allgemeinen nach dem Stirnabschreckversuch (nach JOMINY) ermittelt[2] [31]. Selbstverständlich bedeutet die Notwendigkeit, viele Schmelzen einer Stahlsorte so gleichmäßig zu erschmelzen, daß bei gleicher Wärmebehandlung die Härte bzw. Festigkeit der Werkstücke nur in kleinen, genau vorgegebenen Grenzen schwankt, einen größeren Aufwand seitens der Stahlwerke. Auf die Dauer wird dieses jedoch erforderlich sein, da andererseits die Forderungen nach gleichmäßiger Festigkeit bzw. Bearbeitbarkeit ständig steigen; dies gilt vorwiegend für die Kraftfahrzeugindustrie, die z. T. viele tausend gleiche Gesenkschmiedestücke täglich fertig bearbeitet. Die hierbei auftretenden Probleme sind zum großen Teil werkstoffseitig bedingt (s. S. 31).

Bei der Warmumformung, die den Tatbestand der bei höherer Temperatur herabgesetzten kritischen Schubspannung technisch ausnutzt, um große Umformungen mit den zur Verfügung stehenden Fertigungsmitteln zu erreichen, erfordert jeder Werkstoff bestimmte, teils enger, teils weiter begrenzte Temperaturbereiche. Da fernerhin auch die Ofenatmosphäre (Zusammensetzung des das Wärmgut umgebenden Gasgemisches) für die mit der Erwärmung verbundenen Oxydationsvorgänge von Einfluß ist, werden an die Wärmeinrichtungen der Gesenkschmiede allein vom Werkstoff her große Anforderungen gestellt. Abb. 14 gibt die Schmiedetemperaturbereiche einiger wichtiger Werkstoffe an.

Damit diese eingehalten werden, sind an den Öfen entsprechende Meßeinrichtungen vonnöten; weiter muß die Abkühlung auf dem Weg vom Ofen zum Hammer sowie nach dem Einlegen in das Untergesenk, d. h. bis zum Auftreffen des Obergesenkes bzw. bis zum Zusammenfahren der Werkzeugteile berücksichtigt werden. Beim Schmieden steigt als Folge

---

[1] Unter Härtbarkeit versteht man die Fähigkeit eines Stahles, durch Abschrekken oberflächlich oder durchgreifend eine stark gesteigerte Härte durch Bildung von Martensit oder Zwischenstufengefüge anzunehmen. Von Interesse sind die erreichbare Höchsthärte und der Härte-Tiefe-Verlauf. Die Höchsthärte ist eine Funktion des C-Gehaltes. Der Härte-Tiefe-Verlauf (Einhärtung) ist in starkem Maße vom Umwandlungsverhalten abhängig

[2] Beim Stirnabschreckversuch wird eine zylindrische Probe 25 $\varnothing \times 100$ mm an einer Stirnseite abgeschreckt. Als Maß für die Härtbarkeit gilt der Härteverlauf auf einer Mantellinie in Abhängigkeit vom Abstand zu der betreffenden Stirnseite. Dieser Versuch ergibt bei Einhaltung der vorgeschriebenen Bedingungen reproduzierbare Ergebnisse, aus denen Rückschlüsse auf die zweckmäßige Steuerung des Härte- und — bei anschließenden Anlaßversuchen — Vergütungsprozesses gezogen werden können. Er stellt einen Ausschnitt aus dem Zeit-Temperatur-Umwandlungsschaubild für kontinuierliche Abkühlung dar und ist geeignet, diesem zu größerer allgemeiner Anwendbarkeit zu verhelfen [70]

der an das Schmiedestück abgegebenen Umformarbeit dessen Temperatur wieder an — jedoch nicht überall gleichmäßig. Bei der Abkühlung nach dem Fertigschmieden zeigt sich dann, oft am gleichen Stück, ein unterschiedliches Schwinden. Die im Schmiedestück vorhandene Wärmeenergie geht dabei verloren.

Da hochwertige Schmiedestücke heute immer vergütet werden, ließe sich durch ein *Vergüten aus der Schmiedehitze* die Schmiedestückwärme ausnutzen. Gleichzeitig würde ein weiterer Werkstoffverlust durch Zunderbildung durch Vermeidung eines zweiten Anwärmens vermieden. Voraussetzung hierfür ist die Zwischenschaltung eines Ausgleichglühens in Ausgleichöfen oder Ausgleichsalzbädern, in denen die Teile bei Vergütungstemperatur so lange verbleiben, bis sie durch und durch

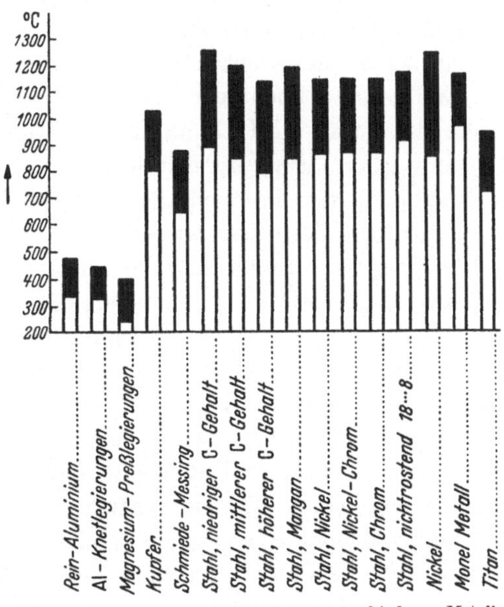

Abb. 14. Warmumformtemperaturen verschiedener Metalle und Legierungen

gleiche Temperatur und gleiches Gefüge aufweisen. Ein derartiges Verfahren stellt hohe Anforderungen an die Gleichmäßigkeit des Werkstoffes.

23 Lagerung und Zubereitung

Bei der Vielzahl der heute verwendeten Werkstoffsorten — eine mittlere Kundenschmiede hat ständig 20···25 Werkstoffsorten und Abmessungen auf Lager, das sind praktisch 80···200 Stapel und mehr — kommt der Kennzeichnung der Halbzeuge im Lager eine große Bedeutung zu; dieser Beitrag zur Qualitätssicherung darf nicht übersehen werden.

Zwischen Lager und Schmiede liegt eine andere fertigungstechnische Aufgabe, das Abtrennen von Blöckchen von genau gleichem Rauminhalt. Dadurch werden an einen sonst wenig beachteten Arbeitsgang, wie Sägen, Scheren oder Brechen, hohe Genauigkeitsanforderungen gestellt. Die Sauberkeit des Schnittes auf einer Knüppelschere hängt bei gutem Zustand der Messer vom Schnittspalt ab, und dieser richtet sich nach dem Werkstoff und dem jeweiligen Querschnitt. Hierzu müssen noch wissenschaftlich begründete Richtlinien erarbeitet werden, damit man die aus den USA bekannten Ergebnisse auch hier erzielt. Dort ist man der Ansicht, daß der Schnittspalt nicht mehr als 0,8 mm betragen soll. Die Scherschnitte sind dann so glatt und einwandfrei, daß die Blöckchen ohne weiteres stehend verschmiedet werden können.

Diese Schneidaufgabe ist bei den halbselbsttätigen Bolzenpressen bekanntlich ein Arbeitsgang in der Schmiedepresse selbst. Die Erfahrungen auf beiden Gebieten könnten daher nutzbringend zusammengetragen werden.

Nur bei außergewöhnlichen Ansprüchen werden die Blöckchen gesägt, und zwar bei hoch beanspruchten Schmiedestücken aus rißempfindlichem Werkstoff. U. U. kann hier dann das Warmscheren[1] in Betracht gezogen werden. Ein Vergleich Scheren — Sägen darf in keinem Fall nur die Kosten für das Trennen allein erfassen, sondern muß auch alle anderen Einflüsse berücksichtigen.

Für die genaue Einhaltung der Blöckchengewichte müssen besondere Maßnahmen getroffen werden: neben dem Einsatz von Prüfpersonal bei Anwendung statistischer Überwachungsmethoden — hiermit lassen sich Abweichungen von $\pm$ 5 g bei 1 kg Stückgewicht einhalten — ist für die Zukunft auch an selbsttätige Einrichtungen zu denken. Diese müssen entweder das Blöckchengewicht oder seinen Rauminhalt — Durchmesser, Länge — messen und selbsttätig den Längenanschlag an der Trennmaschine verstellen. Die Gewichtsmessung ist einfacher, hat aber den Nachteil, daß von jeder Stange zunächst ein Blöckchen abgeschnitten werden muß, bevor der Anschlag eingestellt werden kann. Eine Vorsortierung der Stangen nach ihrem Durchmesser würde sich daher empfehlen. Die Lösung dieser Teilaufgabe muß auf jeden Fall auf praktischer Grundlage erfolgen; sie bedarf dazu der Methoden der mathematischen Statistik.

Bei Querschnitten über 100···120mm $\square$ muß man zum *Brechen* übergehen. Hierbei spielt die Bruchdehnung eine unmittelbare Rolle. Heute kennt man die rohe Regel, die Bruchfestigkeit eines C-Stahles müsse mindestens 55 kg/mm² betragen, damit der Bruch mit geringster Verformung erzielt wird. Gefördert wird dies z. B. außerordentlich durch ein Vorkerben der Stangen mit dem Schneidbrenner[2], aber nicht mit dem

---

[1] LUEG und MÜLLER berichteten kürzlich über Versuche zur Bestimmung des Kraft- und Arbeitsbedarfs beim Warmscheren von Stahl in Abhängigkeit von Temperatur (700···1100°) und Schnittgeschwindigkeit (5···300 mm/s). Danach ist das Trennen in der Wärme bei unlegierten und niedriglegierten Stählen ein nahezu *reiner* Schervorgang, d. h. es muß über den ganzen Arbeitsweg Scherarbeit geleistet werden (bildsames Schnittverhalten). Mit sinkender Temperatur und zunehmender Schnittgeschwindigkeit zeigte sich teilweise *sprödes* Schnittverhalten, d. h. der Werkstoff wird nach kürzerem Anschnitt durch Bruch völlig getrennt. Scherfestigkeit = Größtkraft : Anfangsquerschnitt und Scherarbeit nehmen mit der Schnittgeschwindigkeit nach einer Potenzfunktion in ähnlicher Weise wie die Formänderungsfestigkeit mit der Formänderungsgeschwindigkeit zu [*71*]

[2] Nach einem während des letzten Krieges von der deutschen Industrie entwickelten Verfahren

Lichtbogen, da sich mit dem letzteren keine scharfe Kerbung erzielen läßt. Die Trennkraft wird dadurch auf einen Bruchteil der bei ungekerbten Knüppeln erforderlichen herabgesetzt.

In diesem Zusammenhang erhebt sich die Frage, wie sich etwa eine der Bruchkraft überlagerte hochfrequente Schwingung auf den Vorgang auswirken würde. Bei Umformvorgängen soll hiermit eine wesentliche Verminderung der Umformkraft erreicht worden sein [34]. Es ist dies in diesem Zusammenhang eine Frage, über deren Tragweite die Meinungen sehr geteilt sind und auf die die erste Antwort von einem Metallphysiker zu geben sein wird. Auf jeden Fall sind zur Gewinnung gesicherter Zahlenangaben für das Werkstofftrennen durch Brechen ebenso wie für das Scheren und Sägen noch eingehende Untersuchungen erforderlich.

24 Wärmebehandlung und Weiterbearbeitung

Werkstoffschädigungen werden beim Wärmen durch Überhitzen, Überzeiten und Verbrennen sowie beim Schmieden durch zu niedrige Temperaturen — dünne Querschnitte von Gesenkschmiedestücken sind hier sehr gefährdet — hervorgerufen. Sofern sie nicht das Gefüge so weit verändern, daß völlige Zerstörung durch Trennungen und Risse auftritt, lassen sie sich im allgemeinen durch eine nachfolgende Wärmebehandlung wieder beseitigen. Dies gilt vor allem für Grobkornbildung[1] durch Überhitzen oder Überzeiten, die bei mangelhafter Ofenführung, aber auch bei Betriebsunterbrechungen auftreten kann. Neuzeitliche Stoßöfen sind so eingerichtet, daß normale Pausen ohne Einfluß auf das Wärmgut bleiben. Dies gilt auch für das induktive Wärmen oder die Widerstandserwärmung (s. S. 43). Schwieriger sind die Verhältnisse bei der nachfolgenden Wärmebehandlung zur Erzielung bestimmter Eigenschaften. Auf die Notwendigkeit geringer Analysenschwankungen zwischen den einzelnen Schmelzen und die Lieferung mit Härtbarkeitszeugnis wurde bereits hingewiesen. In gleichem Maße gilt diese Forderung auch bezüglich gleichbleibender Zerspanbarkeitseigenschaften. Hierunter sind zu verstehen:

1. Standzeitverhalten; 2. Schnittkräfte; 3. Oberflächengüte; 4. Spanbildung.

Jüngere, derzeit an der TH München (Prof. EISELE) noch nicht abgeschlossene Versuche haben gezeigt, daß es praktisch nicht möglich ist, über die Zerspanbarkeit eines Werkstoffes, z. B. C 60, allgemeine Aussagen zu machen. Die Werkzeugstandzeit schwankt vielmehr bei der Verarbeitung verschiedener Schmelzen von verschiedenen Erzeugern im gleichen Glühzustand beträchtlich, ohne daß irgendwelche systemati-

---

[1] Kornvergröberungen an ferritischen Stählen lassen sich ohne weiteres durch eine Wärmebehandlung *nicht* wieder beseitigen

sche Abhängigkeiten erkennbar wären. Gleichzeitig zeigte sich auch, daß eine *Umformung durch Schmieden keinerlei Einfluß* auf die Werkzeugstandzeit hat. Das Gleiche gilt auch bezüglich der *Schnittkräfte* beim Drehen, Hobeln und Bohren, die keinen Einfluß des Schmiedens erkennen lassen [*35*]. Andere Untersuchungen[1], die der Ermittlung des günstigsten Gefügezustandes von Gesenkschmiedestücken zwecks spanender Bearbeitung galten, ergaben, daß beim isothermen Glühen[2] hohe Austenitisierungstemperaturen von 1200° C günstig sind. Standzeit und Oberflächengüte erreichen dabei Bestwerte. Diese Wärmebehandlung ist jedoch mit den üblichen Betriebseinrichtungen nicht durchzuführen, da sich *Verzunderung* und *Randentkohlung* nachteilig bemerkbar machen. Man muß daher *Schutzgas* oder *Salzbäder* anwenden, wodurch die Wirtschaftlichkeit des Glühens in Frage gestellt wird. Diese darf jedoch nicht außer acht gelassen werden und muß in den Rahmen der gesamten Kostenbetrachtung — Aufwand für das Glühen, Steigerung von Schnittgeschwindigkeit und Vorschub, Erhöhung der Werkzeugstandzeit — mit einbezogen werden. Das Problem für die weiterverarbeitenden Betriebe liegt im wesentlichen darin, bei der Bearbeitung im Automaten dauernd mit hohen Schnittgeschwindigkeiten fahren zu können, wobei die Standzeit der Werkzeuge größer als die Dauer einer Schicht sein soll. Läßt sich das gegebenenfalls nur durch Wärmebehandlung unter außergewöhnlichen Bedingungen erreichen, so wiegt der erreichte wirtschaftliche Vorteil die dann unvermeidlichen Mehrkosten für die Rohteile nicht in jedem Falle auf.

Nach praktischen Erfahrungen lassen sich jedoch im allgemeinen bereits gute Ergebnisse durch isothermes Glühen bei 1050° C in der ersten Stufe erzielen. Seitens der weiterverarbeitenden Industrie wird heute die Einhaltung von Härte- bzw. Festigkeitswerten mit einer Genauigkeit von $\pm 4 \cdots 5 \ \text{kg/mm}^2$ verlangt. Es ist offensichtlich, daß sich bei diesen Anforderungen die bereits erwähnten Chargeneinflüsse störend auswirken müssen. Ohne gleichmäßigen Werkstoff bieten auch die vom Max-Planck-Institut für Eisenforschung erarbeiteten Zeit-Temperatur-Um-

---

[1] Max-Planck-Institut für Eisenforschung, Düsseldorf, und Laboratorium für Werkzeugmaschinen der Technischen Hochschule Aachen

[2] Unter isothermem Glühen wird ein Grobkorn- oder Hochglühen bei Temperaturen weit über GOS mit anschließender gesteuerter Abkühlung und nachfolgender Perlitglühung bei Temperaturen wenig unter Ac_1 verstanden. Das Verfahren wird bei untereutektoiden Stählen zur Erzielung eines für die wirtschaftliche Bearbeitung durch Abspanen günstigen Werkstoffzustandes (hohe Standzeit, hohe Schnittgeschwindigkeit, einwandfreie Spanbildung) angewandt. In der ersten Stufe erfolgt Grobkornbildung, während in der zweiten Stufe durch Perlitisierung die Festigkeit und Zähigkeit in gewünschter Weise beeinflußt wird. Nach der spanenden Bearbeitung muß in vielen Fällen durch eine erneute Wärmebehandlung (Vergütung) das Gefüge zwecks besserer Widerstandsfähigkeit gegen die zu erwartenden Beanspruchungen nochmals umgewandelt werden

wandlungs-Schaubilder keine Gewähr für gleichbleibende Ergebnisse gleicher Wärmebehandlungen [*36, 37*]. Gerade diese Schaubilder sind für die genaue Wärmebehandlung von Stahl bei der Vielfalt der heute verwendeten Sorten wertvoll. Rückverlagerung der Genauigkeit — hier bezüglich der Werkstoffeigenschaften — zum Stahlwerk ist daher nötig. Daß daneben auch viele Verbraucher sich mit der Wärmebehandlung von Stahl erst noch vertraut machen müssen, sei unbestritten. Tatsache ist, daß die fortschrittlichen Betriebe an der Grenze ihres Leistungsvermögens zur Erzielung gleichmäßiger Schmiedestückeigenschaften bei gegebenen Werkstoffen angelangt sind. Neben den genannten Maßnahmen bedarf es außerdem der weiteren wissenschaftlichen Durchdringung der nicht immer leicht übersehbaren Zusammenhänge und Einflüsse bei der Wärmebehandlung.

3 Die Fertigungsmittel

Zu den Fertigungsmitteln der Gesenkschmiedeindustrie gehören Maschinen, Werkzeuge, Öfen und Meßzeuge sowie Fördermittel. Diese alle müssen so aufeinander abgestimmt sein, daß der größte betriebliche Nutzen herausspringt. Hierzu sei auf S. 50: Mengenfertigung verwiesen. Bei den Fertigungsmitteln nehmen die Maschinen als Rückgrat der Produktion eine hervorragende Stellung ein.

31 Maschinen

Entscheidend für den wirtschaftlichen Einsatz der Maschinen sind ihre Eigenschaften. Diese lassen sich aus den sogenannten *Kenngrößen* unmittelbar ableiten. Kenngrößen sind Zahlenangaben wie

zulässige *Kräfte* an Maschinengestellen	P [t]
Federsteife	c [t/mm]
nutzbares *Arbeitsvermögen* je Hub	
bzw. Schlag	A [mkg]
Maschinenleistung, auch Augenblickswerte	N, N_{mom} [kW]
Hubzahl, Drehzahl (Schlagfolgezeit $1/n$)	n [s^{-1}]
Arbeitsgeschwindigkeit	
(Stößelgeschwindigkeit bei Pressen,	
Umfangsgeschwindigkeit bei Walzen,	
Bärendgeschwindigkeit bei Hämmern)	v [m/s]
Fallhöhe bei Fallhämmern,	
Hub bei Pressen	H [m].

Das sichere Wissen um die Kenngrößen erlaubt die Ausnutzung der Maschinen im *Vollnutzpunkt* [*72*], z. B. hinsichtlich Arbeitsvermögen und Preßkraft (Abb. 15). Die Kenngrößen sind ferner die Grundlage zum Vergleich gleichartiger Maschinen sowie zur Aufstellung von Typenreihen. Die Rangfolge der Kenngrößen ist dabei bei verschiedenen

Maschinen jeweils eine andere, wie am Beispiel der wichtigsten Maschinenarten für das Gesenkschmieden,

> Hammer
>
> mechanische Presse (Exzenter, Kniehebel)
>
> hydraulische Presse

gezeigt wird.

Nach Abb. 16 ist das Schmiedeverfahren bei der mechanischen Presse mit gebundenem Hub an das *Maß*, d. h. den Hub, bei der hydraulischen Presse an die zur Verfügung stehende *Preßkraft* und beim Hammer an das *Arbeitsvermögen* des Bären gebunden. Diese Unterscheidung erlaubt eine übersichtliche Einteilung aller Maschinen zum Gesenkschmieden entsprechend S. 63. In dieser sind die wichtigsten Zahlenwerte sowie Hinweise über die Einsatzgebiete mit enthalten. Es zeigt sich, daß alle Maschinen für mehrere Aufgaben eingesetzt werden können. Ob und wie weit ihr Einsatz für einen bestimmten Arbeitsgang technisch und wirtschaftlich zweckmäßig ist, muß von Fall zu Fall genau geprüft werden.[1]

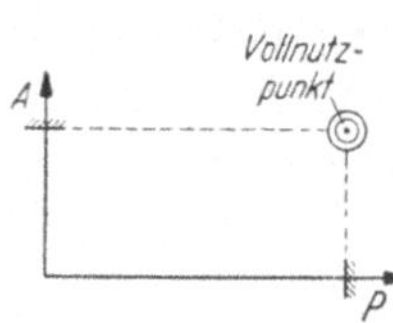

Abb. 15. Vollnutzung durch Maschinenkenngrößen (Beispiel für eine Kurbelpresse)

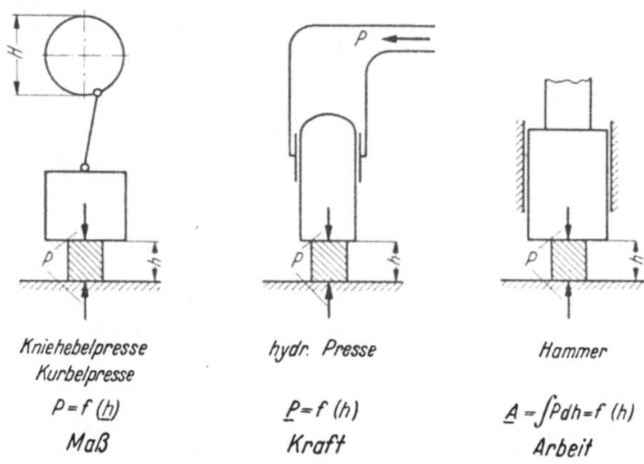

Abb. 16. Verfahrensbindung beim Gesenkschmieden an die Maschinenkenngrößen

Seitens der Schmiedebetriebe werden folgende Anforderungen an die Maschinen im Interesse der Herstellung einwandfreier, gleichmäßiger Schmiedestücke gestellt:

1. Einhaltung der Arbeitskenngrößen gemäß Bestellung;
2. Wirtschaftliche Arbeitsweise, d. h. hoher Maschinenwirkungsgrad;

---

[1] Einzelheiten über Aufbau und Wirkungsweise der einzelnen Maschinenarten s. Betriebshütte, 5. Aufl., Bd. I, 7. Abschn. II: Maschinen für Warmumformung (bearbeitet vom Verfasser)

3. Für ausreichende Arbeitsgenauigkeit gute, richtig gestaltete Führungen, steife Gestelle;

4. Hohe Lebensdauer von Verschleißteilen wie Kupplungen, Kolbenstangen, Riemen, Brettern.

Die Anforderungen nach Punkt 1 bis 3 lassen sich nur durch eine *Maschinen-Prüfvorschrift* erfüllen. Ins Einzelne gehende *Abnahmevorschriften* — sowohl für die *Kenngrößen*, als auch für *Wirkungsgrad* und *Genauigkeit* — müssen noch aufgestellt werden. Die Forschungsstelle Gesenkschmieden hat bereits mit der Erarbeitung der Grundlagen begonnen. Diese müssen neben der genauen Festlegung der einzelnen Anforderungen bzw. der zulässigen Abweichungen von den Nenngrößen auch die *Meßverfahren* eindeutig bestimmen. Grundlagen für die Anforderungen bezüglich der *Arbeitsgenauigkeit* sind vom Verfasser bereits 1953 in seiner Dissertation [*25*] niedergelegt. Bei *Hämmern* sollten folgende Punkte durch eine Abnahme überprüft werden:

1. Arbeitsvermögen (Bärgewicht, Fallhöhe bzw. Endgeschwindigkeit.)
2. Führungsgenauigkeit
    Spiel quer
    Spiel in Tiefenrichtung
    } soweit nicht einstellbar
3. bei Hämmern mit seitlich verschiebbaren Ständern:
    Parallelität der Verschiebung.
4. Aufspannflächen in Bär und Schabotte:
    Ebenheit, Parallelität, Keilschräge.
5. bei Riemen- und Brettfallhämmern:
    Parallelität von Druckrolle und Riemenscheibe bzw. Parallelität der Hubwalzen.
6. bei Oberdruckhämmern:
    Parallelität von Kolbenführung und Bärführung.

Eingehenden Untersuchungen muß es noch vorbehalten bleiben, ob auch an die *Quersteifigkeit* der Hammerführungen und -ständer bestimmte Anforderungen zu stellen sind. Meßwerte über die seitliche Durchbiegung der Ständer bei außermittigen Schlägen — diese kann zu Versatz der Schmiedestücke führen — liegen noch nicht vor. Dieses Problem bedarf dringend der Lösung.

Bei den *Pressen* liegen die Verhältnisse z. T. anders. Hingewiesen sei hier auf die *Federsteife* der Gestelle, die bei Pressen mit *gebundenem* Hub nur bezüglich der Arbeitsgenauigkeit — hier Einhaltung genauer Dickenmaße bei wechselndem Rohlingsvolumen und schwankender Temperatur — wichtig ist [*38*]. Es kommt offensichtlich darauf an, daß das Gestell die Kräfte bei kleinsten Dehnungen aufnimmt, da dann die möglichen Maßschwankungen klein bleiben. Dabei darf man nicht übersehen, daß z. B. bei einer Kurbelpresse nicht das Gestell, sondern der *Antrieb* die „weichste" Stelle ist. Die konstruktive Weiterentwicklung sollte daher besonders diesen Punkt beachten.

Große Bedeutung kommt weiterhin dem *Maschinenwirkungsgrad* η_M zu, der als das Verhältnis

$$\frac{\text{aufgenommene elektrische Arbeit}}{\text{zur Abgabe an das Werkstück bereitgestellte Arbeit}}$$

definiert sei. Allerdings ist die auf das Schmiedestück bezogene Ersparnis in DM bei Verwendung einer Maschine mit hohem Wirkungsgrad nicht so groß wie man zunächst denken sollte. In jeder Kilowattstunde sind über 360 000 mkg enthalten; damit lassen sich viele Gesenkschmiedestücke herstellen und eine Wirkungsgradverbesserung um 10 oder 20% wirkt sich auf die *Kosten für das einzelne Stück* praktisch nicht aus. Die *Gesamtkosten* der Fertigung werden dagegen geringer und der sparsam wirtschaftende Betrieb wird daher immer möglichst gute Maschinenwirkungsgrade anstreben, dies schon deshalb, weil in einer gegebenen Fabrik mit steigender Erzeugung der Verbrauch an elektrischer Energie ständig zunimmt und dabei gegebenenfalls die gesamte Elektrizitätswirtschaft des Betriebes neu ausgerichtet werden muß (z. B. Aufstellung neuer Transformatoren, Aufbau eines neuen Verteilernetzes u. a. m.). Durch den Einsatz neuer Maschinen mit besserem Wirkungsgrad lassen sich derartige Maßnahmen weitgehend vermeiden. Die Hauptbedeutung guter Maschinenwirkungsgrade liegt jedoch anderswo. Jedes mkg, das nicht als Nutzarbeit verwendet wird, muß in der Maschine in Reibung, Gestellbeanspruchung, Wärme umgesetzt werden, dient also letztlich der *Zerstörung* der Maschine selbst. Je höher der Wirkungsgrad, desto geringer der Verschleiß und damit die Reparaturkosten, die Verluste durch Ausfallzeiten (s. hierzu S. 65: Wirkungsgrade einiger Umformmaschinen).

In bestimmten Fällen, z. B. bei mit Dampf oder Druckluft betriebenen Oberdruckhämmern kommt es dagegen auch sehr auf die Energieersparnis an, werden doch nach Arbeiten des Verfassers infolge schadhafter, mangelhaft verlegter Leitungen und verschlissener Steuerungen, Kolben und Zylinder mitunter weniger als 5% der zugeführten Energie genutzt [*39, 40*]. Für den Betrieb ist es daher wichtig zu wissen, daß sich mit einwandfreien Maschinen und Anlagen bei Vorwärmung der Druckluft auf 250° C Wirkungsgrade von über 30% erzielen lassen. Auch diese Zahlen beruhen auf Berechnungen des Verfassers [*41*].

Viele Probleme bleiben noch bei den hochbeanspruchten Bauteilen der Umformmaschinen — Führungen, Kupplung, Kolbenstangen und andere Hubelemente — zu lösen. Der Industrie fällt die Aufgabe zu, unter Berücksichtigung der in der Praxis gewonnenen Erfahrungen die

Konstruktionen im ganzen und im einzelnen ständig dem gegenwärtigen Stand der Technik anzupassen. Daneben sind auch grundlegende Untersuchungen, wie sie z. B. mit Erfolg über die Beanspruchung von *Fallhammerriemen* von der Forschungsstelle Gesenkschmieden durchgeführt wurden [42, 43], gleichfalls über Bretter oder Kolbenstangen für Oberdruckhämmer nötig. Das Kolbenstangenproblem ist trotz gewisser Verbesserungen der Lebensdauer durch Oberflächenhärten, Oberflächendrücken usw. immer noch nicht gelöst. Der Weiterverbreitung des Brettfallhammers, der sich als Hammer mit Einzelantrieb viel einfacher und eleganter gestalten läßt als ein Riemenfallhammer und bei entsprechender Auslegung der Steuerung auch die feinfühlige Veränderung der Fallhöhe, d. h. des Arbeitsvermögens von Schlag zu Schlag erlaubt, steht in Deutschland immer noch die stark schwankende, unzureichende Lebensdauer der Bretter entgegen, während in den USA über 50% aller Hämmer überhaupt Brettfallhämmer sind [44].

Auf dem Gebiet der Gesenkschmiedehämmer ist seit 1950 eine stürmische Entwicklungstätigkeit zu verzeichnen. Neue Konstruktionen wurden entwickelt (Kettenfallhammer, ölhydraulischer Fallhammer, Kurzhubhammer) und alte verbessert (Riemenfallhammer und Brettfallhammer). Auch die Normung hat sich mit diesem Gebiet befaßt (neue DIN-Blätter: 55150, 55151, 55152, 55157, 55158, 55159, 55160). Es liegt nun im wirtschaftlichen Interesse der Gesenkschmieden, bei Neubeschaffungen von Hämmern nach Typnormen zu bestellen. Im ganzen gesehen geht die Entwicklung zu niedrigeren, steiferen Bauarten, damit geringeren Fallhöhen und höheren Schlagzahlen, so daß auch *Fallhämmer* erfolgreich zum Schmieden in Gesenken mit *mehreren* Gravuren zum Zwischenformen und Fertigschmieden eingesetzt werden können [44]. Die Führungen wurden verbessert; sie sind teilweise bereits so gestaltet, daß bei Bärerwärmung das Führungsspiel unverändert bleibt [25]. Antriebs- und Wirtschaftlichkeitsfragen wird große Aufmerksamkeit geschenkt; die Bedienung der Hämmer ist weitgehend vereinfacht, sie erfolgt fast immer durch Fußhebel, an deren Ausbildung allerdings von arbeitsphysiologischer Sicht aus noch gewisse Anforderungen zu stellen sind [45, 46]. Servosteuerungen werden bereits viel verwendet. Sie sind unter anderem Voraussetzung für die Entwicklung der *Programmsteuerungen*, die wiederum für eine Erhöhung der Mengenleistung unbedingt notwendig sind.

Ein Problem im Zusammenhang mit der *Aufstellung* von Schmiedehämmern ist die Auslegung der *Fundamente*, die entweder fest gegründet oder federnd aufgehängt werden können. Damit je nach Bodenbeschaffenheit die Belästigung durch *Bodenerschütterung* so klein wie möglich bleibt, sind umfangreiche Untersuchungen notwendig, in deren Rahmen auch zu klären sein wird, ob der Gegenschlaghammer gegenüber dem

Schabottehammer in dieser Hinsicht die auf Grund seiner Konstruktion zu erwartenden Vorteile tatsächlich aufweist. Das Curt-Risch-Institut für Schwingungsforschung an der Technischen Hochschule Hannover hat im Frühjahr 1955 mit diesen Arbeiten begonnen. Ihr Ergebnis soll der Überarbeitung der entsprechenden Abschnitte der *Gewerbeordnung* (von 1900) zugrunde gelegt werden. Auch die *Lärmminderung* im Schmiedebetrieb bedarf zunächst der messenden Untersuchung. Abhilfemaßnahmen werden sich dann teils an den Maschinen und anderen Lärmquellen (Öfen usw.) selbst oder durch zweckmäßige bauliche Gestaltung treffen lassen.

Für wirtschaftliches und genaues Schmieden ist schließlich der Werkzeugeinbau in Hämmern und Pressen besonders wichtig. Von der Befestigung ist zu verlangen, daß sie:

die Werkzeuge fest und sicher spannt,

unbeabsichtigte Lageänderungen verhindert (z. B. „Wandern" der Gesenke),

beim Einrichten eine gewisse Verstellung der Werkzeuge erlaubt, schnellen und leichten Werkzeugein- und ausbau zwecks Kürzung der Rüstzeiten ermöglicht.

Bei Hämmern lassen sich diese Bedingungen nur durch Keilbefestigungen einhalten, während Pressenwerkzeuge im allgemeinen mit Schrau-

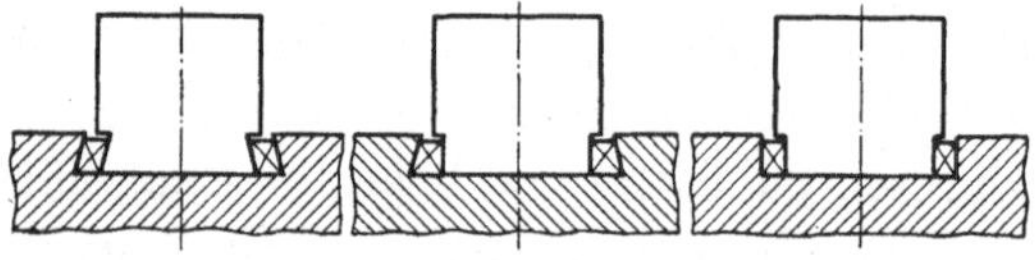

Abb. 17. Zweikeil-Gesenkbefestigung

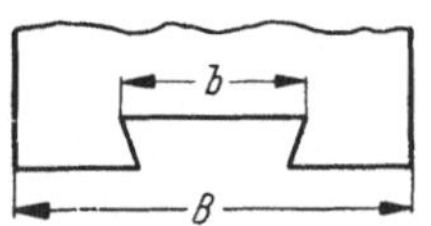

Abb. 18. Schwalbenbreite b und Bärbreite B bei Keilbefestigung

ben befestigt werden. Bewährt hat sich die Zweikeilbefestigung (Abb. 17). Sie sollte daher allgemein verwendet werden. Beilagen erhöhen die Anzahl der Fugen und damit die Gefahr unerwünschter Lageänderungen. Sie lassen sich durch Verwendung genormter Gesenkfuß- und Bär- sowie Schabotteschwalbenabmessungen vermeiden. Empfehlungen hierfür wurden von der Forschungsstelle Gesenkschmieden ausgearbeitet [47]. Diese sehen vor, so weit wie möglich Gesenkfüße ohne Schwalbe zu verwenden; wie Betriebsuntersuchungen zeigten, hat sich diese Befestigungsart selbst bei Hämmern mit 16 000 mkg Arbeitsvermögen bewährt (Abb. 17b und c). Ein Problem ist noch die Ermittlung des spanntechnisch günstigsten Verhältnisses zwischen Schwalbenbreite und Bärbreite bzw. Schabotteeinsatzbreite b/B. Hiervon, d. h. von der Steifigkeit des Außenteils, hängt offenbar die Spannwirkung der Keile stark ab (Abb. 18). Da die Beanspruchung der Keilfugen noch unbekannt ist — auch die Treibkräfte beim Festkeilen sind unbekannt — ist es auch nicht möglich vorauszusagen, ob andere Lösungen für den Einbau von Schmiedegesenken im Hammer — z. B. hydraulische Spannvorrichtungen — zu finden sind. Die hiermit verbundenen Fragen harren noch ihrer Lösung.

32 Werkzeuge

Im Durchschnitt betragen die Werkzeugkosten im Gesenkschmiedebetrieb etwa 10% der Herstellkosten. Zwei Wege lassen sich zur Verminderung des Gesenkkostenanteils beschreiten:

1. Herabsetzung der Gesenkherstellkosten.
2. Erhöhung der Gesenklebensdauer, d. h. Steigerung der Ausbringung bei gegebener Schmiedetoleranz.

Bei der Gesenkherstellung bieten sich hierzu heute eine Reihe von Möglichkeiten. Man unterscheidet dabei zweckmäßigerweise:

die äußere Bearbeitung des Gesenkblockes,
das Ausarbeiten der Hohlform sowie
die Fertigbearbeitung der Hohlform.

Die *äußere Bearbeitung* des Gesenkblockes läßt sich grundsätzlich durch Fräsen schneller vornehmen als durch Hobeln, doch hängt die Wirtschaftlichkeit einer Planfräsmaschine mit einer dazugehörenden Messerkopfschleifmaschine von ausreichender Maschinenauslastung ab. Ein Problem ist weiter das Ausarbeiten der Befestigungsschwalben. Soweit sie nicht ganz entfallen, wäre zu untersuchen, ob sie sich am wirtschaftlichsten durch Sägen, Hobeln oder Fräsen herstellen lassen. In den Vereinigten Staaten von Nordamerika und in Großbritannien verwendet man in großem Umfang Gesenkblöcke, die außen vom Gesenkblockhersteller schon fertig bearbeitet sind — ein Produkt billiger Reihenfertigung zur Einzelverwendung.

So ideal dies als Ziel erscheinen mag, für die Gesenkmachereien in Deutschland besteht nach wie vor die Aufgabe eigener wirtschaftlicher Außen-Bearbeitung der Gesenke. Hierzu gehört die richtige Wahl der Zerspanungsbedingungen — Vorschub, Schnittiefe, Schnittgeschwindigkeit — und die Anpassung der Maschinen an diese schweren Schrupparbeiten. Deren Durchzugskräfte müssen auf die Schnittkräfte abgestimmt sein. Hier können die Gesenkmachereien aus den Ergebnissen der Schnittkraftuntersuchungen [67, 68] Nutzen ziehen. Von den Maschinenfabriken bleibt noch die Angabe der Durchzugskraft als Hauptkenngröße von Hobel- und Stoßmaschinen zu fordern.

Das *Ausarbeiten der Hohlform* durch Zerspanung ist ebenfalls eine Schruppaufgabe ersten Ranges. Bohr- und Fräsverfahren — zweckmäßige Aufteilung der gesamten Stoffmenge auf einzelne Arbeitsgänge (Spanschichtaufteilung) — Fräser, Spannfutter und Maschine müssen aufeinander abgestimmt sein [48]. Die Fräserleistung hängt wesentlich

vom einwandfreien Anschliff — Freiwinkel und Spanwinkel — ab. Dieser
läßt sich nur mit dazu hergerichteten Werkzeugschleifmaschinen erzielen
[*49*]. Die Verwendung von hartmetallbestückten Fräsern bringt beim
Schruppen gegenüber Schnellstahlwerkzeugen beträchtliche Arbeitszeit-
verkürzungen.

Nachformfräsmaschinen werden mehr und mehr verwendet. Soweit
sie selbsttätig arbeiten, kann man sie ohne Aufsicht die Nacht über
laufen lassen. Bei manchen Gravuren ist es zweckmäßig, vor dem Nach-
formen die größte Stoffmenge auf einer steifen Fräsmaschine herauszu-
schruppen. Ein Problem ist noch die Steigerung der Spanleistung bei
ausreichender Nachformgenauigkeit, ein anderes die wirtschaftliche Herstellung genauer und haltbarer Modelle auch für die Einzelfertigung von
Gesenken.

Ein neues Verfahren zum Ausarbeiten von Hohlformen ist die *elektrische Funkenabtragung* (Funkenerosion). Die Zerspanleistung erreicht
bei den lieferbaren englischen, französischen, belgischen und Schweizer
Maschinen bereits diejenige guter Nachformfräsmaschinen (deutsche Maschinen werden etwa Ende 1957 zur Verfügung stehen). Dem neuen Verfahren wird schon in naher Zukunft große Bedeutung zukommen. Wahrscheinlich wird es sich bei größeren und tiefen Gravuren nicht so gut
zum Schruppen eignen wie zum Feinbearbeiten oder Nachsetzen, vielmehr ist der höchste Nutzen von einer geschickten Kombination mit dem
Fräsen zu erwarten, mit dessen Hilfe das Herausschruppen der größten
Werkstoffmenge wirtschaftlich sein dürfte. Wenn dann das Schlichten
und die Fertigbearbeitung der Funkenabtragung zukommen, wird her-
auszufinden sein, bei welcher Restspanschicht der Übergang vom einen
zum anderen Verfahren sein soll. Es ist jedoch auch denkbar, daß sich
das gesamte Ausarbeiten der Hohlform durch Funkenabtragung in vielen
Fällen als wirtschaftlicher erweist als die Verbindung mit dem Fräsen.
Ein wichtiges Problem ist in diesem Zusammenhang, ähnlich wie beim
Nachformfräsen, die wirtschaftliche Erstherstellung der benötigten
Formelektroden. Hier finden Modelltechnik und Modell-Übertragung
eine dankbare Aufgabe. Weitere Formelektroden werden vermutlich
selbst einen Gegenstand des Gesenkschmiedens bilden.

Verfahren, die die Hohlformen durch Umformung in einem Arbeitsgang erzeugen, sind das *Kalteinsenken* und *Warmeinsenken*, die beide be-
vorzugt für Gesenkeinsätze angewandt werden. Zum Kalteinsenken sind
hohe Drücke — $> 200\ \mathrm{kg/mm^2}$ — erforderlich. Will man nicht sehr
schwere, kostspielige Pressen verwenden — heutige Grenze 3000 t Preßkraft — so ist die einzusenkende Fläche = Projektion in die Gratebene
auf $\approx 15\,000\ \mathrm{mm^2}$ beschränkt. Es ist daher nach Auffassung des Verfassers möglich, daß das Kalteinsenken später durch die elektrische Funkenabtragung ersetzt wird, wenn diese sich in den Betrieben eingeführt

hat. Man hat dann noch den Vorteil, die Gravur in den *vorher* auf Arbeitsfestigkeit vergüteten Block einarbeiten zu können. Das Warmeinsenken, das älteste Verfahren zur Gesenkherstellung überhaupt[1], hat bis heute seinen Platz behauptet und wird in erster Linie in der Werkzeug- und Schneidwarenindustrie angewandt. Es hat jedoch nicht an Bemühungen gefehlt, dieses Verfahren auch für größere Gesenke anzuwenden. Diese lassen sich, wie in der Praxis bewiesen wurde, bei sorgfältiger Arbeitsführung mit hoher Genauigkeit durch Warmeinsenken herstellen. Ein Putzen der Gravuren nach dem Vergüten durch *Strahlläppen* hilft die Arbeitszeit bei der *Fertigbearbeitung* der Gravur beträchtlich verkürzen. Das heute noch verbreitet geübte Nacharbeiten von Hand sollte bei einer rationellen Gesenkherstellung völlig entfallen.

Die *Genauigkeit* bei der Gesenkherstellung hängt vom Verfahren und der Menge der zu erzeugenden Schmiedestücke ab. Überschreitet diese

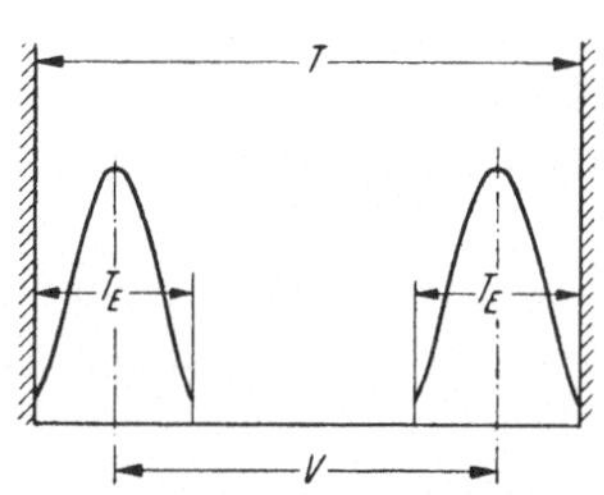

Abb. 19. Schmiedetoleranz T, Verfahrensstreuung T_E und mögliche Verschleißspanne V $V = T - T'_E$ (In Praxis $T_E = 0,5 \cdots 0,7\,T$ [25])

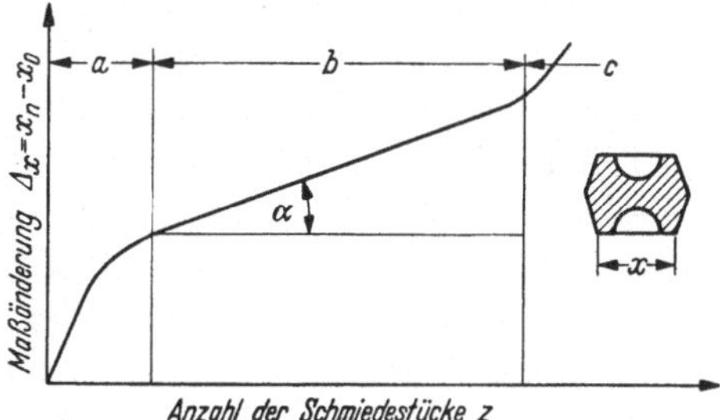

Abb. 20. Prinzipieller Verlauf der Gesenkmaßänderung über der Schmiedestückzahl
a Verschleiß + Verformung zu Beginn („Setzen" des Gesenks)
b reiner Verschleiß
c Erliegen nach Ermüdung der Oberflächenschicht

die *voraussichtliche Standmenge* eines Gesenkes bzw. einer Gravur, so muß die Herstellgenauigkeit so groß sein, daß für den Verschleiß noch ein großer Teil des im Hinblick auf die Schmiedegenauigkeit zugelassenen Toleranzfeldes übrig bleibt (Abb. 19).

Eine weitere Erhöhung der Standmenge je Gravur erhält man, wenn die Steigung α der Verschleißkurve nach Abb. 20 klein ist.

Nach Untersuchungen des Verfassers [*50, 51*] läßt sich dies durch Verwendung eines anlaßbeständigen, auf möglichst hohe Festigkeit vergüteten Werkstoffes sowie durch *Oberflächenbehandlung* erreichen. Dazu vermag die Hartverchromung bei zweckentsprechender Anwendung die Standmenge einer Gravur auf das 2⋯3fache zu erhöhen. Die bisher gewonnenen Erkenntnisse müssen jedoch auf breiter, praktischer Basis noch vertieft werden; daneben müssen zur weiteren grundsätzlichen

---

[1] Ein Gesenk ist ein Werkzeug mit einer Hohlform (Negativ), die durch Einsenken eines anderen Werkzeugs, des Pfaffens, Leistens oder Meisters (Positiv) erzeugt wurde

Erforschung der Verschleißvorgänge neben dem Ingenieur auch der *Physiker* und *Chemiker* herangezogen werden. Dabei ist u. a. an die Verwendung aktivierter Werkzeuge zur genauen Verschleißmessung zu denken, ein Verfahren, das in der Zerspanungsforschung bereits erfolgreich angewandt worden ist. Physikalische und chemische Probleme sind bei der wichtigen Untersuchung über den Einfluß der *Schmiermittel* (Öl, Graphit, Molybdändisulfid, Glas, Email, wässrige Lösungen von Salzen usw.) auf den Gesenkverschleiß zu lösen. In diesem Zusammenhang ist noch auf eine andere ungelöste Aufgabe in Verbindung mit einer zukünftigen Automatisierung hinzuweisen. Es ist hierbei erforderlich, daß das Schmiedestück auf keinen Fall im Gesenk klebt. Dies kann voraussichtlich entweder durch gasbildende Schmier- bzw. Treibmittel oder durch gegen Verschleiß geschützte Auswerfer im Gesenk erfolgen.

Eine weitere physikalische Aufgabe ist die meßtechnische Erfassung der *Wärmewechselspannungen* in der Gravuroberflächenschicht[1], die nach heutiger Auffassung zu vorzeitiger Werkstoffermüdung führen. Die bei den genannten Untersuchungen gewonnenen Erkenntnisse würden später zum Teil den Stahlwerken als Unterlagen zur Entwicklung neuer Gesenkstähle zur Verfügung stehen.

Wertvoller Gesenkwerkstoff läßt sich durch *Gesenkeinsätze* einsparen, die durch Preßpassung oder mit Keilen in Gesenkhaltern aus billigerem Stahl befestigt werden. Nachdem seitens der Forschungsstelle Gesenkschmieden bereits Empfehlungen für die Wahl der Übermaße gegeben wurden [52], bleibt als weitere Aufgabe noch zu klären, ob das Einschrumpfen in den Halter besser und wirtschaftlicher durch Erwärmung des Halters oder Unterkühlung des Einsatzes erfolgt, und ferner, ob sich noch bessere Verfahren als die gegenwärtigen für das Lösen abgenutzter Einsätze aus den Haltern finden lassen.

Weiter stehen wir vor der Frage, wie weit *Sonderwerkstoffe* — im Grenzfalle Nichteisenmetalle — für die Gesenke verwendet werden sollen. Das Auftragen besonders *verschleißfester* Stahlsorten oder *Hartlegierungen* (z. B. Stellite) durch *Schweißen* wird in vielen Fällen zu beträchtlichen Erhöhungen der Standzeit führen. Auch die Verwendung von kleineren Werkzeugeinsätzen aus *Sinterhartmetallen* wird sich in der gleichen Richtung auswirken. Diese Stoffe werden gerade jetzt wirtschaftlich, weil man ihre Stoffzugaben durch Funken abtragen kann.

Es gibt jedoch auch Fälle, in denen man bewußt geringere Lebensdauer in Kauf nimmt um anderer Vorteile, z. B. billiger Gesenkherstel-

---

[1] Die Temperatureinwirkung ist noch kurzzeitiger (20···200 m/s) als bei Untersuchung von RÄDECKER [74] über stoßartige Erwärmung von kalten Oberflächen. Hierbei wurden zylindrische Probekörper induktiv in 10···30 s erwärmt und die Temperaturen an der Oberfläche und im Innern gemessen. Die bei wiederholter Erwärmung (bis 500 mal) am Umfang festgestellten Risse wurden als Folge von Spannungen bei der Abkühlung erkannt

lung, willen. Bewährt haben sich beim Gesenkschmieden von Leichtmetall Beryllium-Kupfer-Gesenke, die auf Maß nach einem Genauguß-Verfahren hergestellt wurden [53]. Diese Gesenke können durch Alterung auf eine Zugfestigkeit von 120 kg/mm² vergütet werden und lassen sich jederzeit wieder umgießen.

Es mag merkwürdig anmuten, daß in einer Arbeit über Probleme des Gesenkschmiedens den Maschinen und besonders den Werkzeugen ein so breiter Raum gegeben wird. Der Fertigungsingenieur muß sich bewußt sein, daß Verfahren stets nur im Rahmen der Fertigungsmittel zu werten sind. Daher gehört der gesamte hier angeschnittene Fragenkomplex zu den wichtigsten, im Laufe der nächsten Jahre zu bewältigenden Aufgaben der auf Wirtschaftlichkeit gerichteten Gesenkschmiedeforschung.

33 Wärmeinrichtungen

Wie eingangs erwähnt, waren bis vor wenigen Jahren Koks und noch mehr Gas (Ferngas, Generatorgas) in Deutschland die wichtigsten Energiequellen zum Wärmen des Schmiedegutes. Seitdem sind Öl und elektrische Energie hinzugekommen, während feste Brennstoffe immer mehr zurücktreten. Gleichzeitig stiegen seit Kriegsende die Energiepreise stark an, während von den Verbrauchern immer höhere Anforderungen an die Qualität der Gesenkschmiedestücke, insbesondere auch an die äußere Beschaffenheit, gestellt wurden. Der Schwerpunkt der Entwicklungsarbeit bei Schmiedeöfen lag infolgedessen in der Verbesserung des Wirkungsgrades und — besonders in jüngster Zeit — in der Herabsetzung der Verzunderung, d.h. des Abbrandes, daneben in gleichmäßiger Ofenführung. Eine Bewertung der verschiedenen Wärmverfahren muß heute diese drei Gesichtspunkte sowohl auf das einzelne Stück bezogen als auch über eine Schicht hinweg berücksichtigen. Ein guter Kennwert für die *Wirtschaftlichkeit* sind die *Nutzwärmekosten*, in die die Kosten je Energieeinheit und der Wirkungsgrad der Erwärmung eingehen. Hierzu sind nachstehend einige Zahlen genannt [54]:

Ferngasbeheizung	= 100	Koksbeheizung	= 332
Leichtölbeheizung	= 71	Induktive Erwärmung	= 180
Schwerölbeheizung	= 62	El. Widerstandserwärmung	= 115

Hinsichtlich Verzunderung sind die induktive Erwärmung und die elektrische Widerstandserwärmung infolge der kurzen Wärmzeiten den anderen Wärmverfahren überlegen. Die sehr gleichmäßige Erwärmung erlaubt darüber hinaus Einsparungen am Einsatzgewicht — übermäßiger Abbrand im Ofen bei Pausen und Betriebsunterbrechungen entfällt — so daß dieses in der Praxis zusammen um 3···5% verringert werden konnte[1]. Bei den derzeitigen Stahlpreisen ($\approx$ DM 500/t) ergeben sich daraus Beträge, die die elektrische Erwärmung ebenso wirtschaftlich werden lassen

---

[1] s. Fußn. S. 44

wie die Erwärmung im gas- oder ölbeheizten Schmiedeofen; bei diesen ist durchschnittlich mit $1 \cdots 3\%$ Abbrand zu rechnen[1]. Wenn sich die elektrische, insbesondere induktive Erwärmung trotzdem und trotz anderer betrieblicher Vorteile — keine Anheizzeit, keine Rauchgase, keine Hitzebelästigung, Erhöhung des Arbeitstempos durch Fortfall von Arbeitsgängen zur Entzunderung — noch nicht in dem Umfang eingeführt hat, wie dies wünschenswert und zu erwarten wäre, so beruht das nach Auffassung des Verfassers im wesentlichen auf zwei Gründen:

1. Die *Anlagekosten* sind mit $600 \cdots 900$ DM je installiertes kW *sehr hoch*. (Für einen leichten Hammer mit $600 \cdots 800$ kg Bärgewicht sind beispielsweise $40 \cdots 50$ kW, d. h. $30\,000 \cdots 40\,000$ DM erforderlich, ein üblicher Schmiedeofen kostet hierfür $4000 \cdots 6000$ DM). Zu einer Senkung der Kosten könnten die Hersteller durch Typisierung und Beschränkung auf bestimmte Frequenzen — etwa 2500, 5000 und $10\,000$ Hz — beitragen. Die bisher übliche Einzelfertigung ließe sich dann zunächst in eine Kleinserien-Fertigung umwandeln. Dies gilt außer für die Anlagen selbst auch für Zubehör, insbesondere Induktionsspulen. Der Beitrag der Verbraucher muß andererseits in einem Verzicht auf individuelle Wünsche bestehen. Diese könnten, soweit wirtschaftlich notwendig, im Rahmen eines ausbaufähigen, noch zu entwickelnden Baukastensystems Berücksichtigung finden. Im übrigen lehrt die Erfahrung, daß die Kosten ohnehin heruntergehen, wenn die teuren Entwicklungsjahre überstanden sind; auch diese Anlagen werden keine Ausnahme von dem Gesetz der hyperbolisch fallenden Selbstkosten machen.

2. Gegen *Bedienung und besonders Wartung* der elektrischen Anlagen besteht bei Arbeitern, Meistern und teilweise auch Betriebsleitern eine gewisse *Abneigung*. Diese ist rein gefühlsmäßig bedingt; sie läßt sich nur durch sorgfältigere Ausbildung und Fortbildung beseitigen. Als erste Unterlagen stehen hierzu die vom VDI ausgearbeiteten *Arbeitsblätter* zur Verfügung [*55, 56*].

Andererseits wird ein Gesichtspunkt noch zu wenig gewertet, nämlich die denkbar höchste Gleichmäßigkeit der Temperatur und des Arbeitstaktes, in dem das induktiv erwärmte Stück der Schmiedemaschine auf kürzestem Wege zugeführt wird. Man kann heute z. B. Waagerecht-Stauchmaschinen derart bauen, daß sie vorne eine quer verschiebliche Induktionsspule tragen, durch die die zu erwärmende Stange hindurchgeschoben wird. Damit steht der Weg offen, den gemeinsamen Arbeits-

---

[1] Der Unterschied in den genannten Zahlen erklärt sich wie folgt: Bei Gaserwärmung wird das Einsatzgewicht immer so groß gewählt, daß auch nach ungewollter, längerer Liegezeit im Ofen noch genug Stoff zum Ausfüllen des Gesenkes vorhanden ist, d. h. man arbeitet mit einem gewissen Sicherheitszuschlag. Bei der elektrischen Erwärmung kann das Einsatzgewicht dagegen sehr knapp bemessen werden

takt von Wärmeinrichtung und Maschine mit Hilfe der Mechanisierung weit über die heutigen maßgeblichen Arbeitstakte hinaus zu steigern.

Infolge der technischen Vorteile der elektrischen Erwärmung fehlt es nicht an Bemühungen, solche auch bei den wärmetechnisch wirtschaftlicheren Schmiedeöfen zu erzielen. Neben der Verminderung des Abbrandes liegt das Hauptproblem dabei in gleichmäßiger Ofenführung, in der Anpassung an planmäßige oder außerplanmäßige Betriebspausen und im Ausgleich der Gasdruckschwankungen im Netz usw. Befriedigende Lösungen lassen sich nur durch *selbsttätige Regelanlagen* erzielen; an ihrer Entwicklung wird z. Zt. gearbeitet. Als Hauptschwierigkeit stellt sich dabei die Wärmeträgheit der großen Massen der Ofenausmauerung in den Weg. Da geringerer Abbrand a bei kürzeren Wärmzeiten t entsteht — HEILIGENSTAEDT fand die Beziehung $a = c\sqrt{t}$ [57] — geht die Entwicklung allgemein zu hohen *Herdflächenleistungen*[1]. Diese betragen heute bei Stoßöfen ≈ 400, bei Kammeröfen $400\cdots500$ und bei Stangenwärmöfen 1000 kg/h m² und mehr. Noch vor etwa 10 Jahren lagen die Werte bei rund der Hälfte. Bei den erhöhten Leistungen wird die Ofenausmauerung wesentlich stärker beansprucht. Hier war daher Entwicklungsarbeit nötig, die bei Kleinschmiedeöfen mit Erfolg zur Anwendung von Stampfmassen führte, aber durchaus noch nicht abgeschlossen ist. Neue Brennertypen wurden entwickelt, wobei Wert auf die Einstellung eines gewünschten Gemisches sowie gute Durchwirbelung von Gas und Luft gelegt wurde. Diese Entwicklung dauert noch an. Die hohen Ofenleistungen ließen sich schließlich — insbesondere bei Beheizung mit Generatorgas — nur durch ausreichende Vorwärmung der Verbrennungsluft (400° C) erzielen. Auch im Rekuperatorenbau war daher Entwicklungsarbeit zu leisten, die ebenfalls noch nicht abgeschlossen ist. Daneben wurden andere Wege zu verbesserter Ofenleistung, geringerem Zunderanfall und gleichmäßigerem Betrieb gesucht. Erwähnt seien nur die Versuche, durch Beimischung von Sauerstoff zur Verbrennungsluft die Wärmzeiten zu kürzen bzw. bei stark reduzierender Ofenatmosphäre noch ausreichende Aufwärmung zu erzielen (Zweikammerverfahren [58], ähnliche Entwicklung der Firma Indugas), sowie die Versuche, durch gemischte Gas-Öl-Beheizung den Abbrand zu senken und gleichzeitig einen leicht abspringenden Zunder zu erhalten. Es ist dabei gelungen, den Abbrand teilweise bis auf 0,5% vom Einsatzgewicht zu senken.

Eine *Aufgabe*, die in vielen Gesenkschmiedebetrieben noch zu lösen ist, ist die bessere *Ausnutzung und Abführung der Ofenabgase*. Diese Abgase, die weit über 50% der zugeführten Wärmeenergie enthalten, strömen nach meist unvollkommener Ausnutzung in Rekuperatoren fast

---

[1] Herdflächenleistung = Ausbringen je Std. und m² Herdfläche bei Erwärmung auf Schmiedetemperatur 1100—1200°

immer unmittelbar mit Temperaturen zwischen 600 und 1000° in die Schmiedehalle. Dies hat folgende Nachteile:

1. schlechter Gesamtwirkungsgrad des Ofens;
2. Belästigung der Arbeiter (Hitzeentwicklung, hoher H_2O-Gehalt);
3. starke Geräuschentwicklung.

Alle drei Punkte ließen sich durch Verwendung *leistungsfähiger Rekuperatoren* wesentlich verbessern. Die Ofenabwärme kann dabei zur Vorwärmung der Verbrennungsluft und Betriebsdruckluft für Hämmer sowie zur Dampferzeugung herangezogen werden. Der Dampf dient je nach Jahreszeit entweder zur Raumbeheizung oder zur Energieerzeugung. Eine weitgehende Abwärmeausnutzung ist besonders dort notwendig, wo große Abgasmengen anfallen. Bei kleineren Betrieben mit wenigen kleinen Öfen fehlen oft die wirtschaftlichen Voraussetzungen dafür. Die *Vorwärmung der Verbrennungsluft* ist jedoch in jedem Fall wirtschaftlich. Auch sollten die Abgase unmittelbar mit Blechkaminen oder in Sammelleitungen nach außen abgeführt werden.

34 Fördermittel

Im Gesenkschmiedebetrieb liegen zwei wichtige Förderaufgaben vor:

1. *Förderung des Schmiedegutes*, zum Beispiel
Waggon oder LKW → Werkstofflager → Werkstofftrennung → Maschinenarbeitsplatz (Ofen, Hammer, Abgratpresse) → Kontrolle → Wärmebehandlung → Sandstrahlerei → Endkontrolle → Ausgangslager → Verbraucher bzw. Bearbeitungswerkstatt.

2. *Förderung der Werkzeuge*, im allgemeinen
Werkzeugmacherei → Werkzeuglager → Maschine → (Werkzeugmacherei) → Werkzeuglager.

Die *rationelle Förderung* der großen Mengen von Schmiedestücken setzt von vornherein einen *ungestörten Werkstofffluß* voraus, d. h. kein Rücklauf und keine Kreuzungen. Hier sind in vielen Betrieben noch Verbesserungen durch Umbauten, Verlegung einzelner Betriebsabteilungen und zweckmäßige Maschinenaufstellung möglich. Ein weiteres Mittel ist die Verringerung des Umladens durch Behältereinsatz. Der Grundsatz, daß kein Stück unnötig in die Hand genommen werden soll, muß eingehalten werden. Im Idealfall gelangen die Teile im gleichen Behälter von der letzten Umladestation in der Gesenkschmiede — dies wird in der Regel die Endkontrolle sein — bis an die Maschine im Bearbeitungsbetrieb.

Als Fördermittel dienen je nach Umfang der Förderaufgaben, Gewicht und Abmessungen des Fördergutes sowie Anlage und Größe des Betriebes verschiedene Flurfördermittel (Plattenwagen, Hubwagen, Elektrokarren, Gabelstapler) oder Krane. Letztere sind fast immer beim Entladen der Eisenbahnwagen für das Werkstoffeingangslager erforderlich, da die sperrigen Bündel (Länge 3···4 m, Gewicht bis 5 t) die Beförderung zum Trennen mit anderen Fördermitteln ausschließen. Welches Fördermittel für den einzelnen Betrieb jeweils am günstigsten und wirtschaftlichsten ist, läßt sich nur auf Grund einer Analyse der vorliegenden Förderaufgaben feststellen [59]. Auch an Nebenaufgaben, wie an die Förderung von Hilfs- und Betriebsstoffen, z. B. Heizöl in Fässern zu den Öfen, ist zu denken.

Der Grundsatz, soweit wie möglich jeden Transport von Hand zu vermeiden, führt innerhalb der *Maschinengruppe zum Schmieden* selbst zur vermehrten Anwendung von Fördermitteln. Dies sind in erster Linie Bandförderer (Kettenbänder), Rollenförderer (mit Antrieb oder als Schwerkraftförderer), Rutschen oder pneumatische Vorschubeinrich-

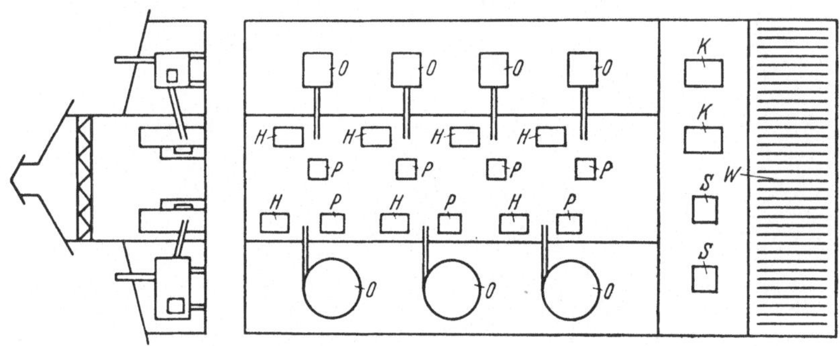

Abb. 21. Gesenkschmiede mit getrennter Ofenaufstellung
H = Hammer, *P* = Presse, *O* = Ofen, *K* = Knüppelschere, *S* = Säge, *W* = Werkstofflager

tungen. Sie werden zwischen Ofen und Hammer bzw. Presse einerseits und zwischen Hammer und Abgratpresse, gegebenenfalls auch anderen vorhandenen Maschinen andererseits eingesetzt. Dabei werden mühelos Höhenunterschiede überwunden, (z. B. Fördern eines nach dem Abgraten durch den Pressentisch gefallenen Schmiedestückes schräg nach oben in den Transportbehälter). Auch die Stoßvorrichtungen von Wärmöfen gehören zum Kreis der hier genannten Fördermittel.

Die Anwendung von Rollenbahnen, Förderbändern usw. zwischen Ofen und Hammer erlaubt einen größeren Abstand zwischen beiden. Damit wird die Wärmebelästigung der Schmiede, die in erster Linie die Ursache für die teilweise beträchtlichen *Erholungszeiten* ist (s. S. 60) beträchtlich herabgesetzt. Es ist sogar möglich, die Öfen *außerhalb* der Schmiedehalle aufzustellen, wobei die regelmäßig ausgestoßenen warmen Blöckchen durch Durchbrüche in der Hallenwand über ein Förderband zum Hammer bzw. zur Presse gelangen. Dies bringt eine Reihe von Vorteilen mit sich (s. Abb. 21):

1. Die Wärmebelästigung durch Hitzeabstrahlung vom Ofen entfällt völlig.

2. Die Schmiedehalle kann schmaler und niedriger gebaut werden; Krane werden bei gleicher Tragkraft wesentlich billiger.

3. Durch günstige Anlage der Werkstofftrennung werden die Transportwege zu den Öfen auf ein Mindestmaß gebracht.

Alle bisher beschriebenen Einrichtungen am Arbeitsplatz dienen lediglich der Förderung von einer Maschine zur anderen. Das *Zuführen zu den Werkzeugen* bzw. das Einlegen geschieht noch *von Hand*; doch sollte auch dieser Arbeitsgang weitgehend mechanisiert werden, besonders da, wo schwere Teile einzuheben sind oder wo Fließfertigung ein schnelles, sicheres Arbeiten erfordert (Abb. 22 u. [*60*]). Solche in der Praxis schon sichtbaren Ansätze müssen in Zukunft weiter entwickelt

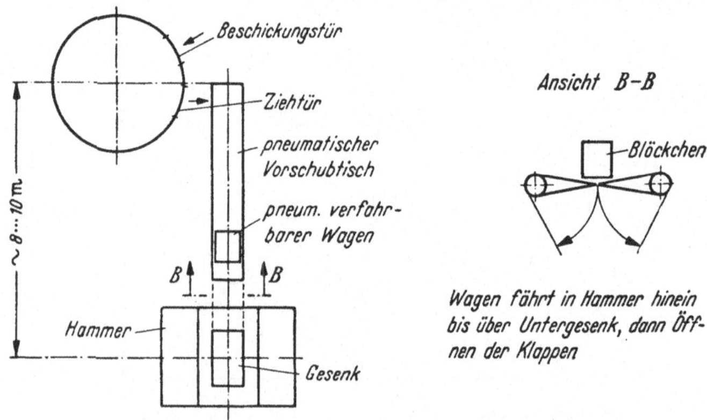

Abb. 22. Selbsttätige Blöckchenförderung zum Gegenschlaghammer

werden als Vorbereitung zur *Automatisierung* des Gesenkschmiedens. Hierauf wird auf S. 52 noch näher eingegangen werden.

Die Bedeutung einer *rationellen Förderung* der *schweren Werkzeuge* ist um so größer, je häufiger die Gesenke gewechselt werden müssen; das ist bei kleinen und mittleren Serien eines umfangreichen Schmiedeprogrammes der Fall. In dieser Lage befindet sich der größte Teil der Gesenkschmieden. Bei leichten, von Hand zu hebenden Werkzeugen bestehen grundsätzlich keine besonderen Schwierigkeiten beim Transport und Einbau. Zu empfehlen sind jedoch schon hierbei Hubwagen mit verstellbarem Tisch zwecks Angleichung an die Einbauhöhe der Maschine. Bei schweren Gesenken hat sich der Einsatz von Gabelstaplern als vorteilhaft erwiesen; diese können die Werkzeuge unmittelbar im Hammer absetzen, so daß sich ein Hineinziehen mit Winde oder Kran in vielen Fällen erübrigt. Es würde zu weit gehen, an dieser Stelle die vielen Möglichkeiten zur Förderung und Handhabung der Gesenke und Hilfswerkzeuge zu erörtern [*61*]. Stets handelt es sich dabei um *Einzelförde-*

rung. Auf einen Punkt sei jedoch noch hingewiesen: Die Werkzeuge sollten in einbaufertigen Sätzen zur Maschine gebracht werden. Derartige Sätze, z. B. Werkzeugspannplatten mit fertig eingerichtetem Abgrat-, Loch- und Biegewerkzeug lassen sich mit Hubtisch oder Gabelstapler besonders schnell fördern und leicht einbauen. Hierzu ist eine weitgehende *innerbetriebliche Normung* Voraussetzung; aber auch die Vereinheitlichung der Anschlußmaße von Hämmern und Pressen[1] ist notwendig, um die Einzelförderung von schweren Umformwerkzeugen rationell zu machen.

35 Meßzeuge

Keine moderne Fertigung ist ohne *messende Überwachung* denkbar. Bei Gesenkschmiedestücken umfaßt diese die mechanischen und technologischen Eigenschaften, die Oberflächenbeschaffenheit (Risse) — die gegebenen Möglichkeiten hierzu sowie die weitere Entwicklungsrichtung sind bereits auf S. 27 behandelt — sowie die Maß-, Form- und Lagegenauigkeit. Zu ihrer Kontrolle bedient man sich der bekannten gebräuchlichen Meßzeuge wie

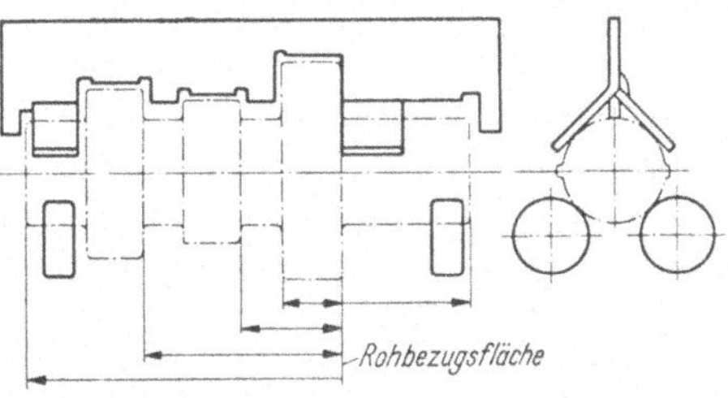

Abb. 23. Kontrollschablone für Vorgelegewelle

Schieb- und Schraublehren, Meßuhren und Feintaster; daneben werden auch Schablonen und Prüfvorrichtungen häufig verwendet. Diese dienen der Maß- und Formprüfung (Abb. 23) und auch der Versatzmessung [*65*].

Abb. 24 zeigt ein Versatzmeßgerät für ein geteilt geschmiedetes Pleuel. Ein auf Kugeln gelagerter Unterwagen bestimmt den Rohling in seitlicher Richtung. Dann zeigt ein senkrecht dazu verfahrbarer Oberwagen über einen Zeiger auf einer Skala den Versatz an. In der Praxis *fehlt* jedoch noch ein Versatzmeßgerät, mit dem während des Schmiedens entnommene Stichproben schnell und

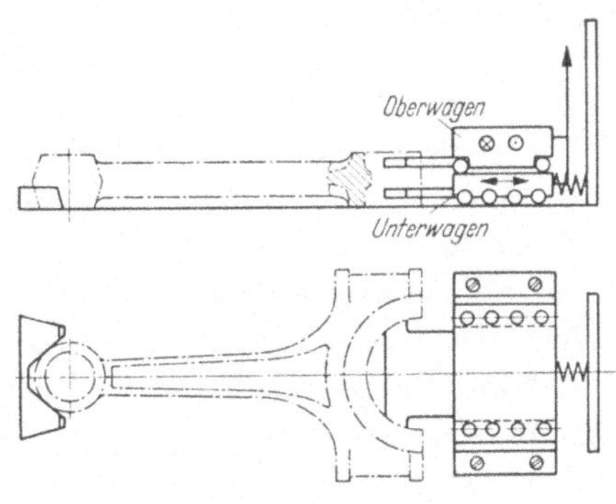

Abb. 24. Versatzkontrolle an einem geteilt
geschmiedeten Pleuel

---

[1] DIN 55170 bis 55179 (Exzenterpressen) erscheinen voraussichtlich Ende 1957

Zu den in diesem Buche zitierten Normblättern ist zu bemerken: Maßgebend ist stets die neueste Ausgabe, die vom Beuth-Vertrieb, Berlin W 15 oder Köln, zu beziehen ist

ausreichend genau geprüft werden können. Es wäre ideal, wenn die Prüfung *schmiedewarm* erfolgen könnte. Nach ihrem Ergebnis kann die laufende Korrektur der Gesenklage, das sogenannte „Nachrichten" erfolgen.

4 Mengenleistung

Wenn nach KIENZLE die „Mengenleistung" der 3. Grundpfeiler der Fertigungstechnik ist [73], so ist auch das Gesenkschmieden unter diesem Gesichtspunkt zu würdigen.

Das Gesenkschmieden ist von Natur aus ein Verfahren der Massenfertigung, denn es entstand aus dem Bestreben, große Mengen gleichartiger Werkstücke *wirtschaftlich* herzustellen. Alle Arbeit im Betrieb, jede Verbesserung an den Maschinen, bei der Werkzeugherstellung usw. dient diesem Ziel. Die wichtigsten Voraussetzungen, die von Werkstück, Werkzeug und Maschine zu erfüllen sind, wurden bereits behandelt; es sei hier nur an einige Punkte erinnert:

Hohe Standzeit der Werkzeuge, zu erreichen durch schmiedegerechte Konstruktion, richtige Aufteilung Ausgangsform — Zwischenform — Endform, Verwendung geeigneter Werkzeugstoffe, Oberflächenbehandlung, Schmierung u. a. m.

Guter Maschinenwirkungsgrad, zu erreichen durch Anpassung von Maschine an Werkstück (Maschine nicht zu groß), Verwendung von verlustarmen Antrieben.

Hohe Arbeitsgeschwindigkeit, zu erreichen durch hohe Hubzahlen bzw. kurze Schlagfolgezeiten (bei Fallhämmern geringe Fallhöhe!).

Verkürzte Wirk-, Neben- und Rüstzeiten, zu erreichen durch Verwendung von Vorrichtungen usw. sowie organisatorische Maßnahmen. Die Verkürzung der Rüstzeiten ist um so wichtiger, je höher die Investitionskosten für einen Arbeitsplatz sind.

Daneben bestimmen die Mechanisierung des Förderwesens und besonders die Organisation des gesamten Fertigungsablaufes durch die *Arbeitsvorbereitung* die Mengenleistung der Gesenkschmiedebetriebe. Je straffer die Organisation, desto gleichmäßiger werden auch die Schmiedestücke. Die Maßschwankungen von Teillosen T_E* werden kleiner und damit wird die bei gegebener Schmiedetoleranz T für Verschleiß zur Verfügung stehende Spanne größer (Abb. 19). Der Verfasser hat schon früher dargelegt, daß T_E ein wichtiger Kennwert für die *Fertigungsgenauigkeit* eines Betriebes ist [25]. Diese muß durch laufende *Kontrolle* überwacht werden. Sie muß den gesamten Fertigungsablauf überdecken. Hierzu teilt sie sich auf in: Rohstoff-, Gesenk-, Zwischen- und Endkon-

---

* Als „Los" wird die gesamte, innerhalb der Lebensdauer einer Gravur erzielte Stückzahl angesehen. Ein „Teillos" bezeichnet eine begrenzte Zahl von Schmiedestücken eines Loses, die während des Schmiedens fortlaufend entnommen werden

trolle. Bei diesen Kontrollen bedarf es des Einsatzes von Massenprüfgeräten, z. B. magnetischen Rißprüfgeräten, selbsttätigen Härteprüfgeräten u. a. m. Selbsttätige Geräte werden insbesondere für die zu erwartende Automatisierung noch zu entwickeln sein.

Aus wirtschaftlichen Gründen sollte die verbindliche Endkontrolle der Schmiedestücke mit der Ausgangskontrolle im Gesenkschmiedebetrieb zusammenfallen. Ist diese mit unabhängigen Prüfern besetzt und mit zuverlässigen Meß- und Prüfgeräten ausgerüstet, kann die Eingangskontrolle im Bearbeitungsbetrieb entfallen.

Der wirtschaftlich tragbare Aufwand in Fertigung und Fertigungskontrolle steht in unmittelbarer Beziehung zur Losgröße. Für Gesenkschmieden kommt in erster Linie Massenfertigung, in zweiter Linie Reihenfertigung und Großmassenfertigung in Frage[1], wobei die Entwicklung bei einzelnen Gruppen von Schmiedestücken, z. B. Kraftfahrzeugteilen, eindeutig zur Großmassenfertigung strebt. Je größer die Menge der zu erzeugenden Schmiedestücke, desto mehr wirkt sich das *Gesetz der Wiederholung* von Wilhelm OSTWALD *[73]* beschleunigend auf den Arbeitsablauf aus. Über eine zweckmäßige *Arbeitsteilung*, d. h. Zerlegung in einzelne, leicht mechanisierbare Elemente (Schmieden in mehreren aufeinanderfolgenden *einfachen* Arbeitsgängen) und eine gleichzeitige *Arbeitskopplung*, d. h. Zusammenfassung mehrerer Maschinen mit elementaren Umformaufgaben, führt der Weg zur Mechanisierung und später zur Automatisierung der Fertigung, m. a. W. zur *Maschinenfließreihe* und weiter zur *selbsttätigen* Maschinenfließreihe. Mit dieser wird die höchstmögliche Mengenleistung überhaupt erzielt, da die Maschinen vollständig ausgenutzt werden. Der Bedienung bleibt nur noch die Stoffversorgung der ersten Arbeitsstelle, d. h. des Ofens, sowie die Aufsicht.

In diesem Zusammenhang ist auch auf die Verbindung *Gesenkschmieden — Fügen* hinzuweisen. Sie erlaubt die Auflösung verwickelter Formen in einfache Elemente und ermöglicht daher oft erst die Fertigung durch Gesenkschmieden auf diesem Wege in wirtschaftlicher, Werkstoff sparender Weise. Als Fügeverfahren kommt in erster Linie das *Schweißen*, daneben auch das Löten in Frage *[62]*.

Maschinenfließreihen werden bei ausreichenden Losgrößen schon vielfach in Gesenkschmieden eingesetzt. Dies gilt besonders für die USA, wo die wirtschaftlichen Voraussetzungen sehr günstig sind *[63, 64]*. In diesen werden die Hämmer mehr und mehr durch Pressen ersetzt, die sowohl einfacher zu bedienen sind als auch gleichmäßiger arbeiten. Durch die Entwicklung von *Programmsteuerungen* dürften jedoch die Hämmer für den Einsatz in Maschinengruppen wieder geeigneter werden. Eine Maschine, die sich in diesem Rahmen besonders bewährt hat, ist die

---

[1] Die Stückzahlen nehmen in der Reihenfolge: Reihenfertigung, Massenfertigung, Großmassenfertigung zu

Schmiedewalze. Sie ersetzt das zeitraubende, von geübten Reckschmie-
den abhängige Rollen und Recken zur Massenverteilung. In Verbindung
mit der Waagerecht-Stauchmaschine bieten sich außerdem neue Formungsmöglichkeiten, die sich in besserer Werkstoffausnutzung auswirken [*64*].

In den Maschinenfließreihen wird zunächst jede Maschine von mindestens einem Mann bedient. Der Transport von Maschine zu Maschine
erfolgt teils mit, teils ohne Hilfsmittel (s. S. 47). Das Einlegen in die
Werkzeuge und das Herausnehmen sowie andere Arbeiten, z. B. Schmieden und Ausblasen der Gesenke, wird ausschließlich von Hand vorgenommen. Auch die Maschinenbewegung wird vom Bedienungsmann
ausgelöst.

Der Übergang zur selbsttätigen Maschinenfließreihe, d. h. zur *automatischen Gesenkschmiede*, bereitet jedoch trotz des fortgeschrittenen
Standes der Maschinenfließreihen wesentlich größere Schwierigkeiten als
in anderen Fertigungszweigen. Das liegt
zum Teil an den *hohen Temperaturen* beim
Gesenkschmieden. Hiermit sind Nachteile
wie Verzunderung und starke Erwärmung
der Werkzeuge bei schneller Stückfolge verbunden; außerdem sind die Werkstücke
aus Stahl oberhalb Ac_3 unmagnetisch, so
daß magnetische Beschickungseinrichtungen nicht verwendet werden können. Trotzdem ist es zweifellos möglich, selbsttätige
Maschinenfließreihen zusammenzustellen.

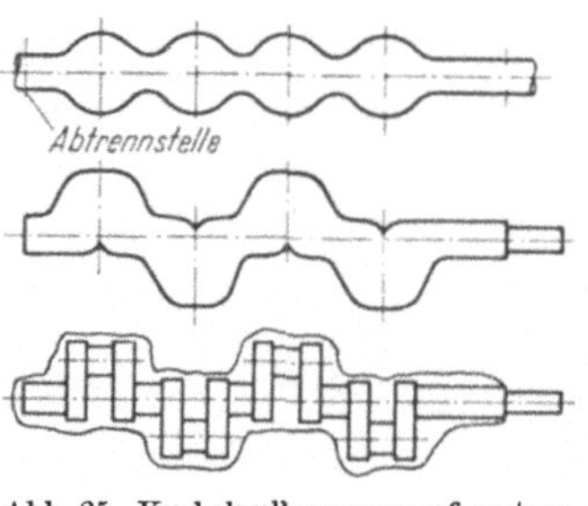

Abb. 25. Kurbelwelle aus vorgeformtem
Knüppel

Induktive Erwärmuug dürfte jedoch eine unumgängliche Voraussetzung
sein. Weiterhin muß der *Fluß durch die Maschinen* möglichst in *einer*
Richtung verlaufen. Schmiedewalzen erfordern jedoch Quertransport.
Nach Auffassung des Verfassers ist es ein wichtiges Problem, die einzelnen
Stiche der Schmiedewalze statt neben- hintereinander anzuordnen[1]. Damit würde die Walze die ideale Maschine zur Zwischenformung auch
für die selbsttätige Maschinenfließreihe. Bei Massen- und Großmassenfertigung wird es auch in vielen Fällen wirtschaftlich sein, die Zwischenformung zur Werkstoffmassenverteilung ganz oder teilweise ins *Walzwerk*
zurückzuverlagern. Dieses Verfahren wird in den USA bereits häufig,
in Westdeutschland vereinzelt angewandt [*64*] (s. hierzu Abb. 25).

Den Walzwerken erwachsen daraus neue Aufgaben, an deren Lösung
die wissenschaftlichen Institute mitarbeiten könnten. Auch *strangge-
preßte* Profile werden bei großen Stückzahlen mehr und mehr eingesetzt
werden (s. S. 24).

---

[1] Eine derartige Maschine wurde inzwischen von der Fa. Eumuco entwickelt

Teil-Lösungen auf dem Wege zum automatischen Gesenkschmieden sind in jüngerer Zeit auch in Westdeutschland gefunden worden. Es ist bereits gelungen, Waagerecht-Stauchmaschinen mit waagerecht liegender Klemmbackenteilfuge zu selbsttätigen Maschinenfließreihen in der Fertigung von Wellen mit beliebig angestauchten Enden zusammenzukoppeln [60]. Die Entwicklung von betriebsicheren Förder- und Beschickungseinrichtungen wird keine unüberwindlichen Schwierigkeiten bereiten, während brauchbare Steuer- und Überwachungseinrichtungen schon infolge der beginnenden Automatisierung in der Zerspanungstechnik zur Verfügung stehen; zusätzlicher Entwicklungsarbeit wird es jedoch auch hier bedürfen.

Neben der hier aufgezeigten Entwicklung — herkömmliche Schmiedemaschinen in geeigneter Weise zu selbsttätigen Maschinenfließreihen zusammenzukoppeln — wird die Automatisierung mit Sicherheit neue Maschinenkonstruktionen hervorbringen[1]. In diesem Zusammenhang darf auf die heute bereits bewährten schnellaufenden Maschinen für die Warmherstellung von Bolzen und Muttern hingewiesen werden. Von dort aus sind manche Anregungen zu übernehmen.

Trotz der günstigen Voraussetzungen auf Seite der *Fertigungsmittel* wird die Automatisierung der Gesenkschmieden in großem Umfang noch auf sich warten lassen, da ihr sehr *hohe Investitionskosten* entgegenstehen. Daneben spielen die zu erzeugenden Mengen und die Gestaltung des betreffenden Teils eine große Rolle; oft werden selbst bei ausreichenden Stückzahlen *Umkonstruktionen* unvermeidlich sein.

Mit Teil-Automatisierung — d. h. Verselbsttätigung von Arbeitsgängen an einzelnen Maschinen — ist wahrscheinlich in größerem Maße zu rechnen. In vielen Fällen läßt sich eine *erfolgreiche Rationalisierung* aber bereits durch Straffung des Fertigungsablaufes unter Einsatz geeigneter Maschinen in Maschinengruppen oder Maschinenfließreihen erzielen. Diese sollte einer Automatisierung *stets* vorangehen.

Im Zuge der hier aufgezeigten Entwicklung werden an die Arbeitsvorbereitungsabteilungen der Betriebe sehr hohe Anforderungen gestellt werden. Diese müssen

1. die benötigten Mengen durch Vorausplanung der Fertigung für längere Zeiträume bereitstellen,

2. die einzelnen Arbeitsvorgänge genau festlegen und

3. die Maschinen auswählen und den Arbeitstakt festlegen.

Für die Forschung ergeben sich dabei neue Aufgaben in Verbindung mit der Steuerung der Arbeitsvorgänge an den einzelnen Maschinen und

---

[1] In USA z. B. wurde der waagerecht arbeitende Gegenschlaghammer („Impactor") von Chambersburg eigens für die automatische Fertigung von Gasturbinenschaufeln und ähnlichen Massenteilen entwickelt

im Ganzen, bei der Entwicklung neuer Gesenkwerkstoffe, die der höheren
Wärmebelastung bei kürzerer Stückfolgezeit gewachsen sind, bei der
Entwicklung geeigneter Schmierstoffe für ein sicheres Lösen der
Schmiedestücke aus den Gesenken u. a. m.

5 Weiterbearbeitung

Von wenigen Ausnahmefällen abgesehen — z. B. Teile für den Gru-
ben-Streckenausbau — werden fast alle Gesenkschmiedestücke durch
Abspanen fertigbearbeitet. Ihre Bedeutung für die *Verarbeiterbetriebe*
liegt darin, daß die Gesenkschmiedestücke weitgehend der Form und
den Abmessungen der Fertigteile angepaßt sind. Es genügt daher häufig,
an *einzelnen* Stellen eine oder zwei Spanschichten abzuheben, wenn auch
andere Teile wiederum an allen Flächen bearbeitet werden müssen. Auch
diese Bearbeitung kann mit geringstem Zeitaufwand erfolgen, wenn die
Werkzeuge mit gleichmäßig hoher Schnittgeschwindigkeit arbeiten können. Dies setzt gleichbleibende *Bearbeitungszugaben* einerseits und
moderne Bearbeitungsverfahren andererseits voraus. Mit steigenden Anforderungen an die Maßgenauigkeit der Gesenkschmiedestücke steigen
jedoch die Schmiedekosten überproportional an; es ist im wesentlichen
eine Frage der Stückzahl, ob durch Erhöhung der Schmiedegenauigkeit
— m. a. W. durch engere Schmiedetoleranzen — oder durch Anpassung
der Bearbeitung an die gegebenen Ungenauigkeiten der Schmiedestücke
eine größere Wirtschaftlichkeit — d. h. geringere Gesamtkosten für das
fertigbearbeitete Werkstück — erzielt wird.

Die Probleme an der „Nahtstelle" zwischen Gesenkschmieden und
Abspanen dürfen daher im Rahmen dieser Betrachtung nicht vernach-
lässigt werden. Sie betreffen sowohl das Spannen und Zentrieren zur
Bearbeitung als auch das Abspanen selbst. Beide werden durch die un-
vermeidlichen Ungenauigkeiten der Gesenkschmiedestücke beeinflußt.
Diese weisen je nach Fertigungsaufwand mehr oder weniger Maß-, Form-,
Lage- und Oberflächenfehler, außerdem gewisse Abweichungen der
Werkstoffeigenschaften (z. B. Gefüge, Härte, Zugfestigkeit) auf. So-
weit sich diese unmittelbar auf die Weiterbearbeitung auswirken, sind
sie auf S. 66 u. 67 zusammengestellt; dort sind auch Abhilfemöglich-
keiten in der Gesenkschmiede und in der Bearbeitungswerkstatt genannt.
Sie bestehen in zwei Stufen:

1. bei der Konstruktion der Gesenkschmiedestücke und in der Arbeitsvorbereitung der Bearbeitungswerkstatt (u. a. Vermeidung von
Konstruktionen mit grundlegenden Fehlern, z. B. Bestimm- und Spannflächen an besonders verschleißgefährdeten Stellen (Abb. 26), Verwendung nachstellbarer Spannelemente oder Spannvorrichtungen mit
großem Spannbereich);

2. während des Fertigungsablaufes in der Schmiede und in der Bearbeitungswerkstatt (z. B. Nachrichten der Gesenke zur Vermeidung unzulässig großen Versatzes, Ausmitteln versetzter Schmiedestücke in der Spannvorrichtung von Hand).

Frühzeitige Zusammenarbeit zwischen Konstrukteur und Gesenkschmiede einerseits sowie Gesenkschmiede und Bearbeitungsbetrieb andererseits muß danach mit Sicherheit zur Überwindung technischer Schwierigkeiten und damit auch zu verbesserter Wirtschaftlichkeit führen. Hier sind die Betriebe, die alle drei Partner in sich vereinen — d. h. die Werksschmieden — von vornherein begünstigt. Um so mehr gilt es für die anderen Betriebe, nach Mitteln und Wegen für eine bessere, fruchtbarere Zusammenarbeit zu suchen. Hierzu ist zunächst die Klärung der sachlichen Gegebenheiten Voraussetzung.

Viele, wenn auch nicht alle Fehler an Gesenkschmiedestücken können sowohl im Schmiede- als auch im Bearbeitungsbetrieb abgestellt bzw. ausgeglichen werden. Dies gilt z. B. für *Maßabweichungen*, die aus wirtschaftlichen Gründen beim Gesenkschmieden so groß wie möglich zugelassen werden sollten. In gegebenen Grenzen *müssen* sie allerdings *eingehalten* werden. Hierzu stehen geeignete Mittel zur Verfügung (Aufteilung des Schmiedevorganges, genaue Gesenkherstellung, Oberflächenbehandlung und Schmierung der Gesenke, Verwendung hochwertiger

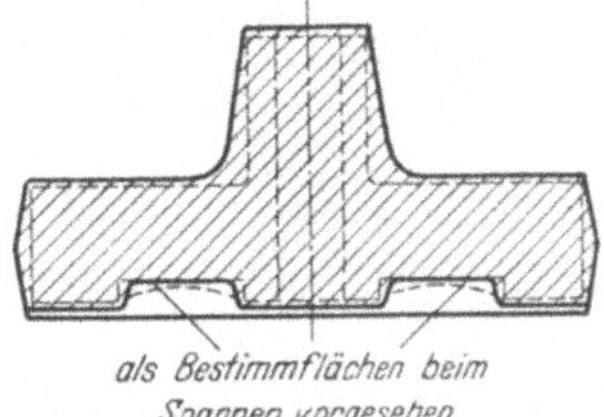

Abb. 26. Falsche Anordnung von Bestimmflächen an verschleißgefährdeter Stelle

Gesenkwerkstoffe). Hinzu kommen Verfahren, die Maßgenauigkeit an *einzelnen* Stellen eines Gesenkschmiedestückes zu erhöhen, z. B. Warm- oder Kaltprägen. Insbesondere das Kaltprägen hat sich hierzu bereits stark eingeführt. Es bleibt dabei jedoch noch zu untersuchen, wieweit sich die verschiedenen Werkstoffe — Stahl und NE-Metalle — in ihrer Kaltprägbarkeit unterscheiden und welche Einflüsse auf die Prägegenauigkeit in Abhängigkeit von der Schmiedetoleranz von der verwendeten Maschine — Hammer, Kurbelpresse, Spindelpresse, hydraulische Presse — ausgeübt werden. Seitens der Bearbeitungsbetriebe sind große Schmiedetoleranzen zulässig, wenn die Bestimm- und Spannstellen am Schmiedestück an Stellen geringen Gesenkverschleißes liegen und *nachstellbare* Spannelemente, die mindestens den Toleranzbereich überdecken, verwendet werden [65]. Anders ist es bei Form-, Lage- und Oberflächenabweichungen, die im wesentlichen nur beim Schmiedebetrieb verhindert werden können. Alle drei wirken sich nachteilig auf die Gleichmäßigkeit des Abspanvorganges aus; auf den Einfluß von Formabweichungen sei als Beispiel in Abb. 27 hingewiesen.

Danach hat auch der *Versatz* als Lageabweichung auf die Formgenauigkeit der Querschnitte großen Einfluß. Form- und Lageabweichungen bedingen Schwankungen der Schnittkräfte und damit größeren Werkzeugverschleiß einerseits und gegebenenfalls neue Maß- und Formabweichungen am Werkstück andererseits. Kleine Versatztoleranzen liegen bei neuen, starren Hammerkonstruktionen durchaus im wirtschaftlichen Bereich, während große Maßtoleranzen die Lebensdauer des Gesenkes erheblich erhöhen und das Schmieden wirtschaftlich machen. In diesem Sinne sind auch die amerikanischen und britischen Schmiedetoleranzen aufgebaut [*66*].

Abweichungen der Werkstoffeigenschaften können sich, wie oben dargelegt wurde, in der Massenfertigung auf den Abspanvorgang nachteilig auswirken, weil sie häufig Änderungen von Schnittgeschwindigkeit und Vorschub — d. h. der die *Mengenleistung* bestimmenden Größen — erforderlich machen. Neben Maßnahmen bei den Stahlwerken und bei der Warmbehandlung ließen sich die Einflüsse der einzelnen Schmelzen auch durch *organisatorische* Maßnahmen abschwächen, wenn es z. B. gelänge, eine ganze Schmelze nur in *einer* Abmessung auszuwalzen und nur *einem* Schmiedebetrieb für die Herstellung eines *einzigen* Teiles zu liefern. Das hätte zur Folge, daß bei einer Schmelze von beispielsweise 100 t und einem Einsatzgewicht von 2 kg je Stück 50 000 Teile mit gleichen Werkstoffeigenschaften in den Verarbeitungsbetrieb kämen! Die Fertigung könnte dann viele Tage ungestört laufen.

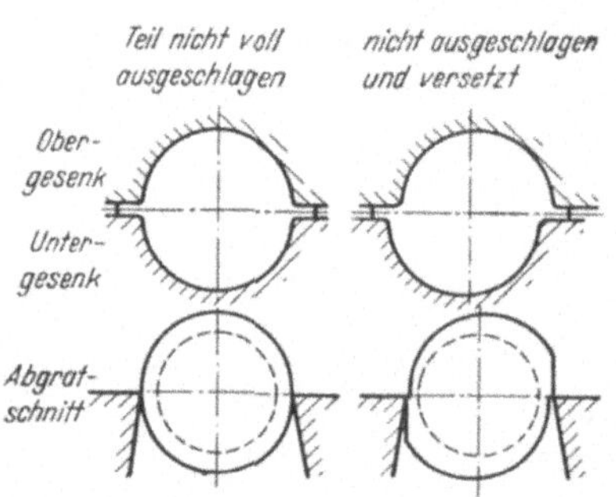

Abb. 27. Formabweichungen an runden Querschnitten durch unzureichendes Ausschlagen und Versatz

Sowohl zu große als auch zu kleine *Bearbeitungszugaben* müssen vermieden werden, wenn bei sinngemäßer Anwendung der bekannten Zerspanungsgesetze [*67*] im wirtschaftlichen Bereich gearbeitet werden soll. Die Bearbeitungszugabe braucht nur so groß zu sein, daß bei höchstens drei Arbeitsgängen[1] (Schruppen bis auf 1 mm Zugabe, Schlichten auf 0,2 bis 0,3 mm Zugabe, Feinschlichten bis auf *IT* 6···7 oder Schleifen) die beim Schmieden entkohlte Oberfläche abgetragen wird, um gleichmäßig härten zu können. Weiter müssen kleine *Oberflächenfehler* (Stiche, Überlappungen und Narben) entfernt werden. Auch darf der Drehmeißel nicht nur kratzen, sondern muß richtig schneiden, und unter dem Einfluß der *Schnittkraft* dürfen keine unzulässig großen Durchbiegungen her-

---

[1] Es gibt eine optimale Toleranz, die die Bearbeitung mit höchster Schnittgeschwindigkeit erlaubt, ohne daß ein zweiter Schnitt erforderlich ist. Die Feinbearbeitung muß jedoch auch hierbei in einem besonderen Arbeitsgang erfolgen

vorgerufen werden [*25*]. Diese schwankt insbesondere beim Abspanen versetzter oder mit Seitenschräge behafteter Flächen. Wenn möglich, sollte daher schon seitens der *Konstruktion* eine Bearbeitung auf diesen vermieden werden. Am besten geeignet sind alle Flächen *quer* zur Schlagrichtung. Sie lassen sich oft durch *Räumen* wirtschaftlich bearbeiten; diesem Verfahren kommt besondere Bedeutung zu, da es die Bearbeitung vom Rohteil zum Fertigteil in *einem* Arbeitsgang ermöglicht. Bis jetzt ist jedoch nur die Bearbeitung von *Außenflächen* auf diese Weise möglich; Innenflächen müssen vor dem Räumen vorgebohrt werden, da sie nicht zylindrisch geschmiedet werden können; auch wird der Innengrat oft nicht sauber ausgelocht. Gelänge es, derartige Durchbrüche und Bohrungen auf der ganzen Länge, z. B. durch Durchziehen, sauber warm zu lochen, so ließe sich das Bohren vor dem Räumen einsparen. Aber auch die Bearbeitung mit anderen Verfahren würde dadurch erleichtert werden. Die Herstellung zylindrischer Lochungen in Gesenkschmiedestücken ist daher ein echtes Problem, das noch der Lösung harrt. Hierbei ist nicht nur an Lochungen in Richtung der Arbeitsbewegung sondern auch quer dazu gedacht. Für Schmiedestücke aus Leichtmetall und anderen NE-Metallen, z. B. Messing, sind Werkzeuge hierfür bereits bekannt. Sie bieten erweiterte Formungsmöglichkeiten bei beträchtlicher Werkstoff- und Bearbeitungszeiteinsparung. Daneben bleibt auch noch zu untersuchen, in welchen Fällen sich mit Seitenschräge und Grat behaftete Außenflächen wirtschaftlich durch *Warmprägen* oder *Warmschneiden* ebnen lassen. Nicht unerwähnt bleiben darf in diesem Zusammenhang die Bearbeitung von Leichtmetallschmiedestücken durch Ätzen, wobei sich hohe Genauigkeiten erzielen lassen [75][1].

Die *Genauigkeit* der Bearbeitung hängt von der Erstaufnahme bei der Abspanung, insbesondere dem Spannen und Zentrieren ab. Die an die Bestimm- und Spannflächen der Gesenkschmiedestücke zu stellenden Anforderungen wurden schon erwähnt; Aufgabe der Bearbeitungswerkstatt bleibt es, bei der Gestaltung der Spannvorrichtungen den Gegebenheiten des Gesenkschmiedens Rechnung zu tragen (s. Abb. 28). Auch hier empfiehlt sich eine enge Zusammenarbeit mit der Gesenkschmiede. *Das Kriterium für die Wirtschaftlichkeit sind in jedem Falle die Kosten*

---

[1] Bei dem in USA entwickelten Verfahren (Chem-Mill-Process) werden Abtragungen von 0,1 mm/min bei Maßtoleranzen von 0,05 mm erzielt. Die geätzte Oberfläche ist glatter als eine gefräste und polierte. Durch Abdeckung mit Masken lassen sich beliebige Formen erzeugen. Bei Schmiedestücken wird das Verfahren vornehmlich zur Gewichtsverminderung von Stegen und Rippen angewandt, die aus schmiedetechnischen Gründen mit Übermaß hergestellt werden müssen. Außer für Aluminium und Al-Legierungen ist das Ätzverfahren auch schon bei Stahl, Titan und Magnesiumlegierungen angewandt worden. Die Bearbeitungskosten sollen bei geeigneten Teilen wesentlich geringer sein als bei Anwendung spanender Verfahren

für das fertig bearbeitete Stück. Der Anteil der Schmiedekosten darf dabei größer werden, wenn bei der Abspanung entsprechende Einsparungen erzielt werden. Die Gesenkschmiede hat in derartigen Fällen — *Rückverlagerung der Genauigkeit zum Rohteil* — Anspruch auf Erstattung des Mehraufwandes, wenn es sich um außerhalb der allgemeinen Entwicklung zu höherer Arbeitsgenauigkeit liegenden fertigungstechnischen Sonderaufwand handelt. In vielen Fällen läßt sich die Bearbeitung durch zweckentsprechende Gestaltung der Schmiedestücke ohne Mehraufwand erleichtern; es sei nur das Anschmieden von *Mitnehmerlappen,* von *Zentrieraugen, Spannansätzen* usw. erwähnt [*64*].

Noch nicht eindeutig entschieden ist die Frage, wann bei umlaufenden Teilen, z. B. Kurbelwellen, ausgewuchtet werden soll. Bei großer Unwucht muß in 2 Stufen ausgewuchtet werden, wenn die Unwucht-Toleranz klein ist. Werden bereits die rohen Kurbelwellen ausgewuchtet

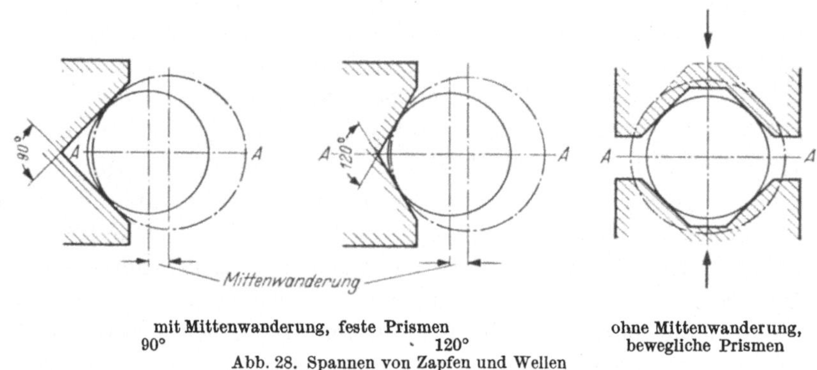

mit Mittenwanderung, feste Prismen   ohne Mittenwanderung,
90°   120°   bewegliche Prismen
Abb. 28. Spannen von Zapfen und Wellen

und danach zentriert, dann spart man am Ende die zweite Wuchtung. Es bliebe zu untersuchen, welches Verfahren bei gleicher Genauigkeit wirtschaftlicher ist. Ein Problem ist die Ausschaltung von einseitigen Unwuchten, die z. B. durch einen Fehler im Gesenk über ein ganzes Los gleichmäßig auftreten. Hierdurch wird die Zentrierung so weit verschoben, daß die Spanschicht u. U. sehr ungünstig verteilt wird. In derartigen Fällen muß die einseitige Unwucht durch eine Verstellung am Aufnahmekäfig der Wuchtmaschine ausgeglichen werden, so daß ein gewisses Optimum zwischen Unwucht und gut liegender Spanschicht erzielt wird. Ähnliche Probleme ergeben sich auch bei der Bearbeitung von Pleuelstangen. Zu ihrer Lösung bedarf es noch weiterer Untersuchungs- und Entwicklungsarbeit.

Abschließend seien die wichtigsten Anforderungen der Bearbeitungsbetriebe und die Möglichkeiten der Gesenkschmieden noch einmal zusammengestellt:

Die Bearbeitung von Gesenkschmiedestücken in der Massenfertigung durch Abspanen erfordert im Hinblick auf die Wirtschaftlichkeit:

1. Zur Verkürzung der *Hauptzeit*: gute Zerspanbarkeit, geringe Bearbeitungszugaben und kleine Bearbeitungsflächen, hohe Schnittgeschwindigkeit.

2. Zur Verkürzung der *Nebenzeit*: geometrisch richtiges Spannen, sicheres und schnelles Spannen und Lösen.

3. Zur Erhöhung der *Standzeit der Werkzeuge*: saubere und zunderfreie Oberflächen, gleichmäßige Bearbeitungszugabe und Abspanung in ununterbrochenem Schnitt, zentrische Lage der zu bearbeitenden Flächen.

Die Gesenkschmiedeindustrie kann hierzu durch folgende Maßnahmen beitragen:

Werkzeuge:
Einsatz von mehr Gesenken, d. h. geringere Standmengen
Hierzu wirtschaftlichere Herstellverfahren (Einsenken warm und kalt, Nachformfräsen, Funkenerosion) und billiges Nachsetzen erforderlich
Einsatz besserer Gesenkwerkstoffe (hart, zäh, verschleißfest)
Oberflächenbehandlung der Gesenke
Gesenkschmierung

Maschinen:
Einsatz von steifen Maschinen (Hämmer, Pressen) mit zweckentsprechenden, kräftigen Führungen
Regelmäßige Maschinenpflege
Verbesserte Steuerung zwecks gleichmäßiger Arbeitsweise (Programmsteuerung!)

Verfahren:
Gleichmäßige Erwärmung
Aufteilung des Umformvorganges in mehrere Stufen (Mehraufwand durch gesteigerte Ausbringung ausgleichen)
Gleichmäßige Arbeitsfolge, ggf. durch Maschinenfließreihen
Vermehrte Anwendung von Warmkalibrieren und Kaltmaßprägen
Laufende Kontrolle im Betrieb; hierbei Anwendung zerstörungsfreier Werkstoffprüfverfahren
Entwicklung neuer Verfahren und Maschinen zum Hohlschmieden und Warmlochen (Einsparung von Stoff und Zeit)

6 Anpassung der Arbeit in der Gesenkschmiede an den Menschen

Wie überall muß der Mensch auch im Gesenkschmiedebetrieb die an ihn herantretenden Aufgaben in zwei Hinsichten bewältigen:

Erstens muß er die rein *manuelle* Arbeit und zweitens die *Grundlagen* der ausgeübten Verfahren und ihre wirtschaftliche Anwendung im Rahmen der vom Betrieb gegebenen Möglichkeiten beherrschen.

Die *manuelle* Arbeit in der Gesenkschmiede nimmt in diesem Rahmen eine Sonderstellung ein, da sie unter *erschwerenden* Bedingungen zu verrichten ist. Diese sind:

> körperliche Anstrengung (verhältnismäßig schwere Gewichte)
> Wärmestrahlung
> Zugluft
> Abgase, Öldämpfe, Qualm und Staub
> Erschütterungen
> Lärm.

Insbesondere die Wärmebelästigung und die Handhabung großer Gewichte wirken sich unmittelbar auf die körperliche Leistungsfähigkeit aus. Hierzu sind wissenschaftliche Untersuchungen vom Max-Planck-Institut für *Arbeitsphysiologie* vorgenommen worden, die zu Empfehlungen für begründete Erholungszeitzuschläge in Abhängigkeit von Arbeitsplatz und -aufgabe führten [*69*].

Damit ist es jedoch nicht getan. Ganz abgesehen davon, daß bei arbeitsphysiologisch günstigeren Bedingungen die *Mengenleistung* der Betriebe zunähme, bleibt noch viel für die Erhaltung von Arbeitskraft und Gesundheit der Arbeiter zu tun übrig. Die gegenwärtige *Vollbeschäftigung* zwingt dazu, da diese sonst in andere Betriebe mit angenehmeren Arbeitsbedingungen abwandern. Diese Entwicklung ist in Ländern mit hohem Lebensstandard, z. B. Schweden, schon fortgeschritten; entsprechend hoch ist dort der Aufwand, um die Arbeit in der Gesenkschmiede zu erleichtern und angenehmer zu machen.

Dies kann auf verschiedene Weise geschehen. Hingewiesen sei nochmals auf die elektrische Erwärmung des Schmiedegutes, die Abschirmung von Öfen durch Strahlungsschutzwände, die Absaugung bzw. Abführung der Abgase zur Verminderung der Wärmebelästigung (s. S. 46); ferner ist die Entlastung von unnötiger Handarbeit durch vermehrte Mechanisierung des Förderwesens nötig.

Eine andere Aufgabe besteht in der Minderung der verschiedenen *Lärmarten* (Öfen, Maschinenantriebe, ausblasende Druckluft usw.) sowie der Erschütterungen durch Schmiedehämmer.

An dieser Stelle ist auch nachdrücklich auf den betrieblichen *Unfallschutz* hinzuweisen. Gesenkschmiedebetriebe sind im allgemeinen erhöhter Unfallgefahr ausgesetzt; bei aller technischen Neuentwicklung muß daran gedacht werden, daß zugleich die Gefahren vermindert werden. Z. B. kann man aus der Blechbearbeitung die dort bewährten Lichtschranken für verschiedene Stellen übernehmen. — Hierzu gehört auch eine *psychologisch* geführte Erziehung der Arbeiter.

Wirtschaftlich wirken sich alle diese und andere Maßnahmen in gesteigerter Konzentration der Arbeiter auf den Arbeitsvorgang selbst aus. Neben echten Leistungssteigerungen ist daraus eine *Minderung* des Ausschusses, m. a. W. eine *Erhöhung* der Arbeitsgenauigkeit zu erwarten. Mit fortschreitender Mechanisierung der Arbeit wird dies immer mehr zutage treten.

Ausreichende Kenntnisse der Grundlagen des Gesenkschmiedens, der Verfahren, Maschinen usw. müssen den Führungskräften der Betriebe sowie den Konstrukteuren von Gesenkschmiedestücken vermittelt werden, denn deren Können kommt heute größere Bedeutung zu als gestern und morgen noch weit größere als heute. Es gilt u. a., ein gewisses Maß von *Wissen* um die *Verfahrenstechnik* in das Konstruktionsbüro *rückzuverlagern*. Hierzu ist eine möglichst weitgehende berufliche Aus- und Weiterbildung unerläßliche Voraussetzung. Die Ausbildung ist Aufgabe der Berufs- und Fachschulen sowie der Höheren Technischen Lehranstalten und endlich der Technischen Hochschulen, während die Weiterbildung bisher den großen Ingenieurvereinigungen und anderen Organisationen, z. B. dem RKW, daneben jedoch häufig örtlich gebundenen Institutionen, die der Initiative von Einzelpersönlichkeiten oder Firmen entspringen, obliegt. Es wäre zu wünschen, daß die Ausbildungsstätten im Rahmen der beruflichen Weiterbildung künftig noch mehr mitarbeiten als das heute bereits vielfach der Fall ist, denn bei ihnen sammelt sich von Natur aus das Wissen um die technische Entwicklung.

Die Ausbildung des Nachwuchses muß der Stellung des Einzelnen im Betrieb angepaßt sein. Sie erfolgt im allgemeinen in 4 Stufen:

Facharbeiter (auch Maschinen-
    pfleger)   — Berufsschule
Meister   — Fachschule
Ingenieur   — Höhere Technische Lehranstalt
Diplom-Ingenieur   — Technische Hochschule.

Je höher die Stellung im Betrieb, desto mehr muß die Ausbildung außer der Vermittlung der notwendigen technischen Kenntnisse auch die Schulung des Blicks für die Zusammenhänge im kleineren oder größeren Kreis umfassen. Hier zeichnet sich bereits die besondere Aufgabe der Technischen Hochschule ab, die ganz allgemein dem künftigen Diplom-Ingenieur neben einem gediegenen technischen Allgemein- und Fachwissen gerade die Fähigkeit zum Zusammenschauen über verschiedene Fachgebiete hinweg vermitteln und ihn damit zur selbständigen Lösung umfassender technischer Aufgaben befähigen soll. Hierzu bedarf die Hochschule vorab der wissenschaftlichen Durchdringung der Probleme der Praxis. Diese müssen ihr abgelauscht, systematisch gelöst und eingeordnet werden. Die Ergebnisse müssen sodann in verständlicher Form allen beteiligten Kreisen — Betrieben und Ausbildungsstätten — dargeboten werden. Die Technische Hochschule erfüllt damit ihre traditionelle doppelte Aufgabe als Stätte von Lehre *und* Forschung und wirkt über sich selbst hinaus auf die Ausbildung des technischen Nachwuchses in allen Stufen ein.

Die deutsche Gesenkschmiedeindustrie hat dies mit klarem Blick für die zukünftigen Notwendigkeiten erkannt und die von ihr ins Leben gerufene „Forschungsstelle Gesenkschmieden" bewußt in Verbindung mit der Technischen Hochschule Hannover aufgebaut und so eine wichtige Voraussetzung für eine erfolgreiche Nachwuchsausbildung geschaffen. Bei all dieser Arbeit kommt es darauf an, daß Theorie und praktische Erfahrungen zu einem einheitlichen Ganzen verschmelzen unter Beobachtung der Entwicklung auf anderen Fachgebieten. Nur so ist es möglich, bei dem gegenwärtigen schnellen Fortschreiten der gesamten Technik ständig enge Fühlung zum jeweiligen Entwicklungsstand zu behalten.

7   Zusammenfassung

In der vorliegenden Arbeit wurde erstmalig der Versuch unternommen, die bei einem Verfahren der Umformtechnik — dem *Gesenkschmieden* — auftretenden und im wesentlichen ungelösten Probleme im Zusammenhang aufzuzeigen und, soweit möglich, Lösungsrichtungen dafür anzugeben.

Es zeigt sich dabei, daß sich die einzelnen Probleme im Zug der Entwicklung zur Mechanisierung immer mehr verflechten und die Lösung eines Problems notwendigerweise die Lösung anderer erfordert. Konstruktion, Werkstoff, Verfahren, Maschine, Werkzeug und Meßzeug (auch Werkstoffprüfverfahren) sowie schließlich die Fertigbearbeitung müssen aufeinander abgestimmt sein, wenn im Endergebnis einwandfreie Gesenkschmiedestücke wirtschaftlich hergestellt sein sollen. Dabei ist es nach Auffassung des Verfassers unzweckmäßig, die Entwicklung an einzelnen Stellen verstärkt voranzutreiben, z. B. durch Einsatz von Sondermaschinen o. ä. Es kommt vielmehr darauf an, Qualität und Wirtschaftlichkeit schrittweise auf der ganzen Breite des Betriebes zu steigern. Dies ist in sehr vielen Fällen unter zweckmäßiger Ausnutzung der vorhandenen Betriebseinrichtungen schon durch organisatorische Maßnahmen in gewissem Umfang zu erreichen. Bei einer Weiterentwicklung über den hierdurch zu erzielenden Stand hinaus sind dann Investitionen größeren Umfangs nicht mehr zu vermeiden. Manche Betriebe stehen bereits vor dieser Aufgabe, die in finanzieller Hinsicht in der Regel erhebliche Belastungen mit sich bringt und auf der anderen Seite die Zulieferindustrien — Maschinenfabriken, Ofenhersteller usw. — vor neue Entwicklungsarbeiten stellt.

Für die weitere Entwicklung des Gesenkschmiedens ist daneben eine engere Zusammenarbeit mit weitgehendem Erfahrungs*austausch* zwischen den Schmiedebetrieben einerseits und den Verarbeitungsbetrieben andererseits unerläßlich. Im Betrieb selbst muß zwischen Konstruktionsbüro und Betrieb das Optimum aus inner- und außerbetrieblicher

Erfahrung erarbeitet und dem Betriebsganzen nutzbar gemacht werden. Dafür sind gut ausgebildete Fachleute mit klarem Blick sowohl für die Forderung des Tages als auch für die der Zukunft erforderlich. Die Sorge und Arbeit für einen hochqualifizierten Nachwuchs an Technikern und Ingenieuren muß daher mit an erster Stelle stehen.

Aufgabe der Wissenschaft ist es, den Betrieben nutzbare Ergebnisse von Untersuchungen zur Verfügung zu stellen. Dazu bedarf es der ernsten Forschung in wohlausgerüsteten Instituten, wo heute Maschineningenieur, Elektrotechniker, Physiker und Chemiker zusammenarbeiten müssen. Die Mannschaftsarbeit wird damit auch auf diesem Felde zum Gebot.

Anhang, Blatt 1

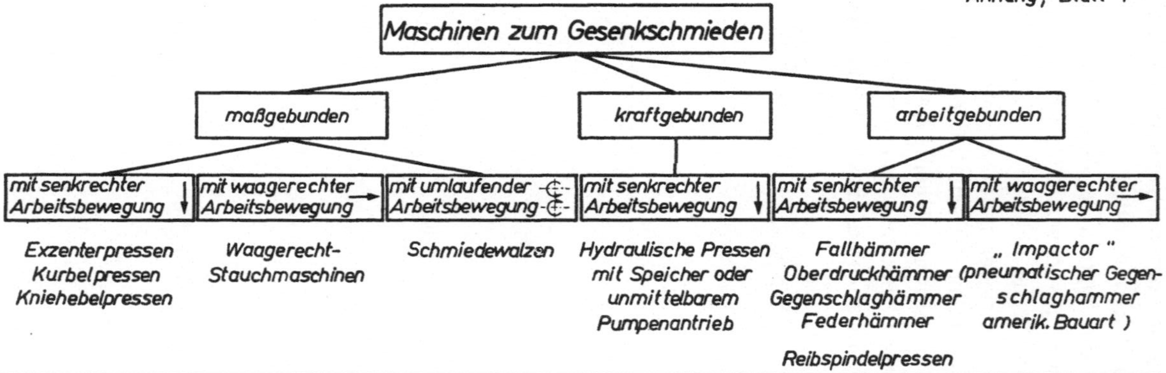

Maschinen zum Gesenkschmieden

- maßgebunden
- kraftgebunden
- arbeitgebunden

maßgebunden			kraftgebunden	arbeitgebunden	
mit senkrechter Arbeitsbewegung ↓	mit waagerechter Arbeitsbewegung →	mit umlaufender Arbeitsbewegung	mit senkrechter Arbeitsbewegung ↓	mit senkrechter Arbeitsbewegung ↓	mit waagerechter Arbeitsbewegung →
Exzenterpressen Kurbelpressen Kniehebelpressen	Waagerecht-Stauchmaschinen	Schmiedewalzen	Hydraulische Pressen mit Speicher oder unmittelbarem Pumpenantrieb	Fallhämmer Oberdruckhämmer Gegenschlaghämmer Federhämmer	„Impactor" (pneumatischer Gegenschlaghammer amerik. Bauart)

Reibspindelpressen

Baugrößen	Exzenterpressen Kurbelpressen Kniehebelpressen	Waagerecht-Stauchmaschinen	Schmiedewalzen	Hydraulische Pressen		Fallhämmer		„Impactor"
1. Kenngröße	P	P	P	P		A		A
2. Kenngröße	A	A	A	(A)	—	P (b. Pressen)		—
gr. Kräfte [t]	200 ··· 10 000	3 000		Speicherbetr. >12 000 *)	Pumpen-antrieb	Hämmer	Spdl.-Pr. 50···1250	
Arbeitsvermögen [mkg]				$P_{gr} \cdot H_{gr}$	$P_{gr} \cdot H_{gr}$	50 ··· 100 000		nicht
Dreh-, Hubzahl [min^{-1}]	60 ··· 130	15···85	30···140	< 15	< 30	20···300	15···25	bekannt
Hub-, Schlagfolgezeit [s]	0,45 ··· 1	0,7···4	0,43···2	> 4	> 2	0,2··· 3	2,4···4	
Werkzeuggeschw. [m/s]	bis 1,5 jeweils auf 0 gehend		1,25 ··· 1,75	bis 0,5		3···7	bis 1	
Einsatzgebiet	Zwischenformen · Fertigschmieden Abgraten	Zwischenformen (Stauchen) Fertigschmieden	Zwischenformen (Recken) Fertigschmieden	Zwischenformen Fertigschmieden *)Leichtmetall-Schm.		Zwischenform. (Recken Biegen) Fertigschm.	Fertig-schm.	Zwischenformen Fertigschmieden

Gesamt-Wirkungsgrade einiger Umformmaschinen

$$\eta_M = \frac{\text{zugeführte elektrische Energie}}{\text{in Maschine zur Abgabe an das Werkstück bereitgestelltes Arbeitsvermögen}}$$

	η_M	
Riemenfallhammer	$0{,}2 \cdots 0{,}3$	nach VOIGTLÄNDER [42]
Kettenfallhammer	$0{,}5$	nach Messungen der Forschungs-stelle Gesenkschmieden
Oberdruckhammer mit Druckluftantrieb	$0{,}05 \cdots 0{,}3$	nach Messungen, je nach Zustand der Anlage [39, 40, 41]
Lufthammer	$0{,}45 \cdots 0{,}55$	je nach Baugröße, bei vollen Schlägen
Reibspindelpressen	$< 0{,}1 \cdots 0{,}6$	nach Messungen der Forschungs-stelle Gesenkschmieden
Kurbelpressen	$< 0{,}1 \cdots 0{,}6$	
Hydraulische Pressen mit Speicher-Betrieb	$< 0{,}1 \cdots 0{,}6$	je nach Drosselung in den Steuer-ventilen
Hydraulische Pressen mit unmittelbarem Pumpen-antrieb	$< 0{,}1 \cdots 0{,}6$	je nach zeitlicher Ausnutzung der Presse

Anhang Blatt 3. *Erfassung von Einzelfehlern, die die spanende Bearbeitung erschweren, und deren Abhilfe*

Fehler	Ursache	Folge	Abhilfe in der Schmiede	Abhilfe mechan. Fertigung	Kontrolle
1. Verbiegen a) b. Entfernen aus dem Gesenk	Kleben im Gesenk, zu kleine Gesenkschräge	Formabweichungen Bearbeitungsflächen werden nicht sauber, Stichmaße nicht einzuhalten, Schnitttiefenschwankung bei der Bearbeitung	größere Gesenkschräge, Sägespäne, Öl, Soda, Viehsalz als Mittel gegen Kleben, glatte Gesenkoberfläche	selten möglich	Konturschablonen, Vorrichtungen, die der Erstaufnahme bei Bearbeitung entsprechen
b) Entgraten	Ungenügende Unterstützung des Rohlings		Unterstützung des Rohlings auf der gesamten Form, Schnittstempel der Rohlingsform anpassen	Nachrichten von langen Teilen	
c) b. Ablegen des warmen Rohlings	Zu starke Beanspruchung des schmiedewarmen Rohlings durch Werfen		Vorsichtiges Ablegen, Rutschen auf schiefer Ebene		
d) b. der Wärmebehandlung	Wärmespannungen		richtige Ofenführung bei der Vergütung		
2. Verschleiß	Abnutzung des Gesenkes, Untergesenk schneller als Obergesenk	Formabweichungen, Maßabweichungen	warmprägen, kaltprägen, sorgfältige Massenverteilung, geringe Formänderung i. Fertiggesenk, rechtzeitiges Nachsetzen d. verschlissenen Gesenkes	Richtige Wahl der Bestimm- u. Spannflächen, Nachstellen der Bestimm- u. Spannelemente b. systemat. Fehlern Bearbeitung in der Reihenfolge der Abschmiedung	Maßkontrolle mit Schieblehre Maßkontrolle in Vorrichtungen
3. Nicht voll	verwalzt, zu kleines Einsatzgewicht, schlechte Vorform, falsches Einlegen	Maßabweichungen Formabweichungen	richtiges Einsatzgewicht bessere Vorform, größere Sorgfalt	Auf Bestimmflächen unbrauchbar, Auf Bearbeitungsfläche tragbar, wenn Abweichungen innerhalb Bearbeitungszugabe	Sichtkontrolle
4. Zunder	Ofenerwärmung, Gesenk nicht ausgeblasen	Oberflächenabweichungen narbige Oberfläche ungleichmäßige Vergütung hoher Werkzeugverschleiß bei Bearbeitung bei Anhäufung Maßabweichungen	zunderarme Erwärmung durch reduzierende Atmosphäre Temperaturregelung Gemischregelung Ölbrenner induktive Erwärmung Entzunderung sorgfältiges Ausblasen des Gesenkes	Zundernarben auf Bearbeitungsflächen tragbar, wenn innerhalb Bearbeitungszugabe, Spannstelle in viele Spannpunkte unterteilen (verzahnte Backen) Zentrierelemente schneidenförmig ausbilden	Sichtkontrolle

(Spalte "Abhilfe in der Schmiede", Zeilen a) b. bis c) b.: seitlicher Hinweis "Richten, warm oder kalt (kalibrieren)")

Anhang Blatt 3 (Fortsetzung)

Fehler	Ursache	Folge	Abhilfe		Kontrolle
			in der Schmiede	mechan. Fertigung	
5. Versatz	Ausgeschlagene Bärführungen, Ungenügende Steifheit des Gestelles	schwierige, geometrisch falsche Lagebestimmung bei Bearbeitung, Schnittiefenschwankungen	Versatzarme Schmiedung siehe Häufiges Nachrichten der Gesenkhälften	Ausmitteln von Hand, Größere Bearbeitungszugaben, Hohe Schnittgeschwindigkeit	Versatzmeßgeräte
6. Gratansatz	Verschleiß der Schnittplatte, Temperaturschwankungen b. Entgraten, Versatz, Verschleiß d. Gesenkes	zu viel Grat, zu wenig Grat bei großem Gesenk, Schläge auf Werkzeug b. Bearbeitung, Verlaufen u. Abbrechen v. Bohrern auf Grat, b. zu wenig Grat Aufreißen der Oberfläche	Beischleifen d. Schnittplatte b. zu wenig Grat, Nachpinnen u. Schleifen b. zu viel Grat	Nie auf Grat-, Spann- oder Bestimmelemente ansetzen, Grat sorgfältig aussparen, Hohe Schnittgeschwindigkeiten, Löcher nicht vom Grat aus bohren	Sichtkontrolle
7. Unrundheit	Häufig beim Recken durch falsche Drehung oder falsches Reckgesenk, Gesenkverschleiß	Formabweichungen, schwierige Zentrierung	Sorgfalt beim Recken, Richtiges Gesenk	Schwierig	Rundlaufkontrolle
8. Faltenbildung an der Oberfläche (Überlappungen)	Falsches Einlegen ins Gesenk, Scharfe Kanten am Gravurrand	Risse, Ausbrechen von Teilen an der Oberfläche bei Bearbeitung	Sorgfältiges Einlegen, Abrunden der Gravurkanten	Wenn Falten innerhalb Bearbeitungszugabe, tragbar Auf roh bleibenden Flächen bei untergeordneten Teilen tragbar	Sichtkontrolle, Fluxen
9. Materialfehler	Seigerungen, Schlackeneinschlüsse, Zeilenstruktur, Lunker, Falsche Zusammensetzung	Risse, Festigkeitsabweichungen, Schlechte Zerspanbarkeit	Sorgfältige Eingangskontrolle, Richtige Wärmebehandlung	Anpassen von Schnittgeschwindigkeit und Vorschub	Materialanalyse und -prüfung
10. Vergütungsfehler	Falsche Temperaturführung, Falsche Werkstoffzusammensetzung (s. 9)	Festigkeitsabweichungen, Gefügeabweichungen, u. U. schlechte Zerspanbarkeit	Richtige Wärmebehandlung und Temperaturführung		Für jede Charge Vergütungsproben im Labor ausarbeiten, danach Vergütungsprozeß steuern, Härteprüfung } f. Endkontrolle, Magnatest }

8 Literaturverzeichnis

[1] Gesenkschmieden, Studie aus 11 Betriebskurzuntersuchungen. Berichtsreihe „Betriebsuntersuchungen", herausgegeben vom RKW Frankfurt/M., 1953.

[2] HILL, R.: The Mathematical Theory of Plasticity. Oxford: Clarendon Press, 1950.

[3] PRAGER-HODGE: Die Theorie ideal plastischer Körper. Wien: Springer 1954.

[4] HEIM: Ein einfaches Verfahren zur Messung lebendiger Kräfte, insbesondere zur Bestimmung des Wirkungsgrades der Stielhämmer und Luftfederhämmer. Z. VDI 9 (1900), S. 281/3.

[5] BECKMANN, E.: Hammer und Presse. Diss. T. H. Aachen, 1912.

[6] HENNECKE, H.: Warmstauchversuche mit perlitischen, martensitischen und austenitischen Stählen. Diss. T. H. Aachen, 1926.

[7] TAFEL, W., u. E. VIEHWEGER: Der Einfluß der Verformungsgeschwindigkeit auf den Formänderungswiderstand. Z. VDI 75 (1931), S. 1479 ff.

[8] SIEBEL, E.: Grundlagen zur Berechnung des Kraft- und Arbeitsbedarfes beim Schmieden und Pressen. Ber. Walzwerksausschuß d. VDEh, 28/1933.

[9] POMP, A., u. H. HOUBEN: Untersuchungen über die Vorgänge beim Schmieden. Mitt. Kaiser-Wilhelm-Institut für Eisenforschung, Bd. 18, Lieferung 7, Düsseldorf: Stahleisen 1936.

[10] POMP, A., MÜNKER, TH., u. W. LUEG: Arbeitsbedarf und Werkstoffffluß beim Schmieden im Gesenk. Mitt. Kaiser-Wilhelm-Institut für Eisenforschung, Bd. 20, Lieferung 20. Düsseldorf: Stahleisen 1938.

[11] FINK, K., LUEG, W., u. G. BÜRGER: Formänderungsfestigkeit von unlegierten und niedrig legierten Stählen beim Warmstauchen unter einem Fallhammer. Arch. Eisenhüttenw. 26 (1955), H. 11, S. 655/68.

[12] WEVER, F., u. W. LUEG: Warmstauchversuche zur Ermittlung der Formänderungsfestigkeit von Gesenkschmiede-Stählen. Forschungsbericht Nr. 283 des Wirtschafts- und Verkehrsministeriums Nordrhein-Westfalen. Köln und Opladen: Westdeutscher Verlag 1956.

[13] KÖRBER, F., u. A. EICHINGER: Die Grundlagen der bildsamen Verformung. Mitt. Kaiser-Wilhelm-Institut für Eisenforschung, Bd. 22, Lieferung 5. Düsseldorf: Stahleisen 1940.

[14] UNKSOW, E. P.: Neue Forschungen der Schmiedetechnologie. Aus dem Russischen übersetzt von W. KOPPITZ. Berlin: VEB-Verlag Technik 1954.

[15] LUEG, W., FINK, K., u. H. G. MÜLLER: Untersuchung über die Abhängigkeit der Formänderungsfestigkeit von der Formänderungsgeschwindigkeit beim Warmstauchen zylindrischer Stahlproben. Wt. u. Mb. 46 (1956) H. 9, S. 465/69.

[16] KIENZLE, O., u. K. LANGE: Der Einfluß der Formänderungsgeschwindigkeit und der Schmiedetemperatur auf die Staucharbeit bei Zylindern aus Stahl und Blei. Bericht Nr. 43 aus der Forschungsstelle Gesenkschmieden am Institut für Werkzeugmaschinen und Umformtechnik, T. H. Hannover, 1954.

[17] Review of the major Plant and Equipment installed in the Sheffield Laboratories. Metal Treatment and Drop Forging 20 (1953), S. 498/504.

[18] RADTKE, H.: Das Steigen des Werkstoffes Stahl im Gesenk. Schmiedetechn. Mitt. Nr. 3 (1952), S. 13/25.

[19] ERNST, H.: Der Steigvorgang beim Warmpressen im Gesenk. Schmiedetechn. Mitt. Nr. 1 (1951), S. 3/11.

[20] RAUHAUS, H.: Die Steigfähigkeit verschiedener Werkstoffe beim Schmieden im Gesenk unter Hammer und Presse. Stahl und Eisen (1940) H. 27, S. 589 ff.

[21] MORTIMER, F.: The Use of Plasticine. Model Forging Experiments. Iron & Steel 25 (1952) Nr. 11, S. 433/36.

[22] Cook, P. M.: Forging Research,Use of Plasticine Models. Metal Treatment 20 (1953) Nr. 98, S. 541/48.

[23] Kienzle, O., u. K. Spies: Das Walzen von Vorformen für Gesenkschmiedestücke auf der Schmiedewalze. Bericht Nr. 50 aus der Forschungsstelle Gesenkschmieden am Institut für Werkzeugmaschinen und Umformtechnik, T. H. Hannover 1956.

[24] Bruchanow, A. N., u. A. W. Rebelski: Gesenkschmieden und Warmpressen. Aus dem Russischen übersetzt von E. Scheitz. Berlin: VEB-Verlag Technik 1955.

[25] Lange, K.: Die Arbeitsgenauigkeit beim Gesenkschmieden unter Hämmern. Diss. Technische Hochschule Hannover 1953. — Gekürzte Fassung in Forschungsbericht Nr. 98 des Wirtschafts- und Verkehrsministeriums Nordrhein-Westf. Köln u. Opladen: Westdeutscher Verlag 1954.

[26] Haller, H.: Die Bedeutung der Kennzahlen und Kenngrade für die Kostenkontrolle in der Gesenkschmiede. Schmiedetechn. Mitt. Nr. 2 (1950), S. 2/28 und Nr. 4, S. 3/28.

[27] Morgenroth, E.: Ermittlung des Einsatz- und Kontingentgewichtes von Schmiedestücken aus Stahl. Werkstattblatt 180—182. München: C. Hanser 1951.

[28] Kienzle, O.: Kraft- und Geschwindigkeitsmeßverfahren für Werkzeugmaschinen der Umformtechnik. Wt. u. Mb. 43 (1953) H. 12, S. 553/60.

[29] Peter, A.: Das Pressen und Gesenkschmieden der Metalle, 2. Aufl. Werkstattbücher Nr. 41. Berlin/Göttingen/Heidelberg: Springer 1955.

[30] Spies, K.: Die Herstellung und Verarbeitung von Titan. Ind.-Anz. 77 (1955) Nr. 41, S. 567/69.

[31] Kyle, P. E.: The Closed Die Forging Process. New York: MacMillan 1954.

[32] Kaessberg, H.: Der Stahl als Schmiedewerkstoff. Handbuch der Schmiedetechnik, Bd. B 1. Berlin: VDI-ADB Fachausschuß „Schmieden" 1944.

[33] Werkstoffhandbuch Stahl und Eisen, 3. Aufl. Düsseldorf: Stahleisen 1953.

[34] Lundin, G. J.: Verfahren zum Formen von Werkstoffen. Schweizer Patentschrift Nr. 236 805 vom 15. 3. 1945.

[35] Victor, H.: Beitrag zur Kenntnis der Schnittkräfte beim Drehen, Hobeln und Bohren. Diss. Technische Hochschule Hannover, 1956.

[36] Max-Planck-Institut für Eisenforschg., Düsseldorf: Zeit-Temperatur-Umwandlungsschaubilder als Grundlage der Wärmebehandlung der Stähle. Forschungsbericht Nr. 75 des Wirtschafts- und Verkehrsministeriums Nordrhein-Westfalen. Köln und Opladen: Westdeutscher Verlag 1954.

[37] Wever, F., Rose, A., Peter, W., u. W. Strassburg: Atlas zur Wärmebehandlung der Stähle, I. und II. Teil. Düsseldorf: Stahleisen 1954.

[38] Münnich, H.: Elastische Verformungen an ausladenden Pressen. Wt. u. Mb. 44 (1954) H. 10, S. 502/09.

[39] Lange, K.: Dampfverbrauchsmessungen an Schmiedehämmern. Schmiedetechn. Mitt. (1950) Nr. 3, S. 31/41.

[40] Lange, K.: Untersuchung der Druckluftanlage einer größeren Gesenkschmiede. Schmiedetechn. Mitt. (1952) Nr. 3, S. 3/12.

[41] Lange, K.: Durch Druckluft angetriebene Oberdruckhämmer zum Gesenkschmieden. Wt. u. Wb. 45 (1955) Nr. 6, S. 297/304.

[42] Voigtländer, O.: Das Triebwerk von Riemenfallhämmern. Diss. Technische Hochschule Hannover, 1952.

[43] von der Laden, E.: Das Verhalten von Fallhammerriemen hinsichtlich Zugfestigkeit und Verschleiß. Diss. Techn. Hochschule Hannover, 1957.

[44] Jung, A.: Entwicklungsrichtung im Hammerbau. Wt. u. Mb. 44 (1954) H. 6, S. 297/301.

[*45*] Spies, K.: Verbesserung der Fußsteuerung am Lufthammer. Wt. u. Mb. 45 (1955) H. 6, S. 307/08.

[*46*] Druckluftandrückvorrichtung für Riemenfallhämmer. Bericht Nr. 48 aus der Forschungsstelle Gesenkschmieden am Institut für Werkzeugmaschinen und Umformtechnik der Technischen Hochschule Hannover, 1955.

[*47*] Stöter, J., u. H. Tolkien: Befestigungen für Umformwerkzeuge. Wt. u. Mb. 46 (1956) H. 9, S. 481/85.

[*48*] Peithmann, L.: Beiträge zur Gestaltung von Gesenkfräsern zum Ausfräsen von Schmiedegesenken. Diss. Technische Hochschule Hannover, 1955.

[*49*] Peithmann, L.: Anforderungen an Scharfschleifmaschinen für Gesenkfräser. Wt. u. Mb. 43 (1953) H. 10, S. 446/51.

[*50*] Kienzle, O., Lange, K., u. H. Meinert: Einfluß der Oberfläche auf das Verschleißverhalten von Schmiedegesenken. Forschungsbericht Nr. 285 des Wirtschafts- und Verkehrsministeriums Nordrhein-Westfalen. Köln und Opladen: Westdeutscher Verlag 1956.

[*51*] Lange, K., Meinert, H., u. H. Arend: Verschleißverhalten hartverchromter Schmiedegesenke. Forschungsbericht Nr. 286 des Wirtschafts- und Verkehrsministeriums Nordrhein-Westfalen. Köln und Opladen: Westdeutscher Verlag 1956.

[*52*] Spies, K.: Gesenkeinsätze. Wt. u. Mb. 44 (1954) S. 643/47.

[*53*] Beryllium and Copper Forging Dies. Aircraft Production 1955, Bd. 17, Nr. 11.

[*54*] Veh, P. O., u. W. Offenberg: Neuere Entwicklung des Ofenbaues in der Gesenkschmiede. Wt. u. Wb. 46 (1956) H. 9, S. 469/74.

[*55*] Induktive Erwärmung (Wesen und Anwendung). VDI-Arbeitsbl. 5—3131, Düsseldorf 1952.

[*56*] Induktives Erwärmen für das Warmformen. VDI-Arbeitsbl. 5—3132, Düsseldorf 1953.

[*57*] Heiligenstaedt, W.: Die Verzunderung des Stahls bei Beheizung mit Starkgas. Gas- und Wasserfach 79 (1936) S. 925/32.

[*58*] Wärmöfen für Gesenkschmieden ohne Verzunderung. Iron Coal Trades Rev. 171 (1955), S. 337/8.

[*59*] Freund, K.: Die Transportrationalisierung durch den technisch und wirtschaftlich richtigen Einsatz von Fördermitteln. Wt. u. Mb. 43 (1953), S. 222/27.

[*60*] Waagerecht-Stauchmaschinen in Fließreihe. Wt. u. Mb. 46 (1956) H. 9, S. 485/86.

[*61*] Peithmann, L.: Das Fördern von Werkzeugen. Wt. u. Mb. 43 (1953) S. 232/35

[*62*] Lange, K.: Wirtschaftlich Gesenkschmieden. Ind.-Anz. (1955) Nr. 36, S. 507/12.

[*63*] Hansen, P.: Amerikanische Schmiedemaschinen und ihre zweckmäßige Kopplung. Wt. u. Wb. 44 (1954) H. 8, S. 403/06.

[*64*] Haller, H.: Einsatz der amerikanischen Schmiedemaschinen. Wt. u. Mb. 44 (1954) H. 8, S. 406/09.

[*65*] Lange, K., u. H. K. Kemna: Probleme beim Vorbereiten und Spannen von Gesenkschmiedestücken zum Abspanen. Wt. u. Mb. 46 (1956) H. 9, S. 434/42.

[*66*] Lange, K.: Normen für Gesenkschmiedetoleranzen in Deutschland, Großbritannien, Schweden und den USA. DIN-Mitt., Bd. 32 (1953) S. 133/38.

[*67*] Kienzle, O., u. H. Victor: Zerspanungstechnische Grundlagen für die kräftemäßige Berechnung und den Einsatz von Drehbänken, Hobelmaschinen und Bohrmaschinen. Wt. u. Mb. 46 (1956) S. 283/88.

[*68*] Schnittkräfte beim Hobeln von Gesenkstahl. Bericht Nr. 51 aus der Forschungsstelle Gesenkschmieden am Institut für Werkzeugmaschinen und Umformtechnik, Technische Hochschule Hannover, 1956.

[69] LEHMANN, G., GRAF, O., KARRASCH, K., MÜLLER, E. A., SCHOLZ, H., u. H. SPITZER: Untersuchungen über die Arbeitsschwere und die erforderliche Erholungszeit in Gesenkschmieden. Schmiedetechn. Mitt. 1953, (Sonderheft).

[70] WEVER, F., ROSE, A., u. W. STRASSBURG: Härtbarkeit und Umwandlungsverhalten der Stähle. Forschungsbericht Nr. 143 des Wirtschafts- und Verkehrsministeriums Nordrhein-Westfalen. Köln und Opladen: Westdeutscher Verlag 1955.

[71] LUEG, W., u. H. G. MÜLLER: Kraft- und Arbeitsbedarf beim Warmscheren von Stahl in Abhängigkeit von Temperatur und Schnittgeschwindigkeit. Stahl und Eisen 76 (1956) H. 14, S. 887/96.

[72] KIENZLE, O.: Leistungsbestimmung für Drehbänke und Hobelmaschinen. Aufwand, Leistung, Wirtschaftlichkeit neuzeitlicher Werkzeugmaschinen. Sonderheft vom 6. Aachener Werkzeugmaschinenkolloquium. Essen: Girardet 1953.

[73] KIENZLE, O.: Die Grundpfeiler der Fertigungstechnik. Wt. u. Mb. 46 (1956) H. 5, S. 204/09.

[74] RÄDECKER, W.: Untersuchung über die Wirkung schroffer Temperaturwechsel auf die Oberflächenbeschaffenheit von Stahl. Stahl u. Eisen 75 (1955) H. 19, S. 1252/63.

[75] Tiefätzen statt Fräsen. Aluminium 32 (1946) H. 4, S. 214/16.
